嘟妈·家的幸福滋味
——100道人气美食

嘟妈 著

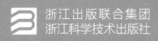

浙江出版联合集团
浙江科学技术出版社

写在书的开头……

　　早在几年前，我做梦也没有想到，有朝一日我还会出版自己的美食图书，当然也不会想到自己会如此地喜欢厨房，喜欢美食，这一切真的是个奇迹！

　　我是个普通的上班族妈妈，跟很多妈妈一样，每天两点一线地上班下班，在城市里的某个角落，规矩而又平淡地生活着……生活中，我没有太多的欲望，也没有过多的追求，只是安于现状，只求家人平安健康，孩子快乐成长。但有一天，我家那逐渐长大的小嘟宝对我的早餐发起了抗议："妈妈，早餐太不丰富了！"作为妈妈的我，第一次意识到对于家庭美食，我还需要多花点精力和时间。从此，日复一日，年复一年，我付出了我全身心的热情，制作出了各种各样的家庭健康美食。从最初的一天一变给孩子做营养早餐，到全面升级我家餐桌美食，从家常菜到创新菜、从中餐到异国美食、从传统面食到烘焙西点……在孜孜不倦的追求过程中，我发现做美食已经变成了我生活的一个重要部分。学习美食、设计美食、制作美食、拍摄美食、分享美食……所有的一切都让我感受到了美食的魅力！每当有满意的美食作品诞生时，我都倍感成就！我的生活也因此而改变了，美食让我的生活变得丰富多彩，生活中的每一天对我来说都是快乐的收获的一天！

　　如果说我对美食的热爱动力来自于女儿的抱怨，而守卫家人的健康是每个妈妈需要努力的共同目标。在食品安全问题此起彼伏的年代里，诸多的因素都让我们感到"不放心"！不放心路边摊的卫生，不放心饭店的重油，不放心快餐店的营养……唯有妈妈做的饭菜是最值得全家人信赖的！妈妈做的菜，都是妈妈用心挑选的上好的健康食材；妈妈做的菜，可以保证让家人品尝到原汁原味的健康滋味，拒绝任何

不健康的添加剂；妈妈做的菜，都是妈妈用爱心精心烹制的，这是外面任何地方都吃不到的幸福滋味。

所以，为了家人的健康，我家饭菜我做主！不管你是新手厨娘还是超级大厨，只要怀着一颗快乐的心，走进厨房，挽起袖子的瞬间，你就是家里的"食神"了！

这是一本一应俱全的家庭美食图书，包含我最近几年精心烹饪的100道人气家庭美食。涉及的领域分为6个：既有简单精致的家常品质菜，不分国界的洋气美食，宝宝爱吃的诱惑美食，也有家庭自制的各种果酱和甜品，各种传统又创新的花样主食，还有潮妈达人们必修的烘焙西点！但凡是家人需要的健康食品，我统统把它们搬上了家里的餐桌！今天再把它们搬进了书本里，希望能给大家的生活带来一定的帮助！

人生在世，美食当先！最好吃的食物永远出自妈妈的双手，家里的饭菜是最值得家人回味一辈子的滋味！当我们怀着愉快的心情，在爱的厨房里，为家人烹制幸福的家的滋味时，收获的也将是一家人的幸福和健康！

2015.3

目录

目录

本书计量单位

1 大勺 =10g（一般用于生抽、老抽、黄酒、白糖等常规调料）

1 小勺 =1g（一般用于食盐）

适量：根据个人口味添加的意思。

第一部分
家常品质菜
Traditional Daily Cuisine

家常品质菜

TRADITIONAL DAILY CUISINE

民以食为天！吃，在一个家中占有最重要的位置！在家里，最能给家人带来幸福感的就是我们平常吃的食物，家里的一日三餐不光是为了果腹，更是一种家的味道，家的情感，家的依恋……

家常品质菜用五个部分介绍我们身边最熟悉的四季美味

① 清爽健康菜：

　　清爽健康菜是夏日人们最喜爱做的菜，或凉拌或清蒸，把家里的菜做得既清爽健康又清凉简便，是煮夫厨娘的第一选择！

② 开胃下饭菜：

　　下饭菜是家常菜肴。美味的下饭菜能让你食欲大增，迅速扫光碗里的米饭……学做几个简单的开胃下饭菜来安抚自己和家人的胃吧！

③ 大快朵颐菜：

　　忙碌了一个星期后，双休日给家人准备一顿丰盛的饭菜吧！能大快朵颐地吃肉肉，也是人生的口福之乐。

④ 过新年的菜：

　　快过年的时候，江南人家，家家户户都要做点酱制品，这个时候，大街小巷，满眼都是酱制品，酱鸭、酱鸡、酱肉……喷香的酱油加上五香香料酱出来的各种酱制品，真是太诱人了！我们也可以学着简单做！

⑤ 家庭汤煲火锅：

　　味道鲜美、营养丰富的养身汤煲，是给家人滋补身体的营养佳品。对于身体虚弱的人来说，喝一些滋补的汤水会有很好的强健身体的功效。

家常品质菜在抚慰家人的胃的同时，也给全家带去了一种美好的品质生活……

手机扫描二维码，
介绍更详细！

舌尖上的美味 **桂花糖藕**

　　桂花盛开的季节里，人们收获清香迷人的桂花，再加工成甜的或咸的桂花酱，就能将桂花迷人又短暂的芳香延续到四季来享用！腌制好的桂花无论是做馅还是调料，都能让食物极有风味！
　　桂花糖藕是江浙一带的家常菜，是一道既营养又简单易做的香糯甜品。

 ## 材料

全藕 3 节，糯米 200g。
调料：糖桂花少量，黄冰糖 3 块。

 ## 做法

❶ 糯米洗净，提前浸泡 2 小时，莲藕洗净刨皮，切下顶部约 3 厘米，作为盖子备用。

❷ 把浸泡好的糯米灌入莲藕的洞内，轻轻敲打，用筷子将糯米捅实。使糯米填满洞中，盖上盖子，再用多根牙签固定。将所有藕逐个全部灌好糯米。

❸ 将灌好糯米的莲藕放进压力锅里，加水没过莲藕再加盖，开火，压力锅煮 50 分钟炖酥莲藕。

❹ 开盖后，加入桂花糖开盖煮 20 分钟，煮到汤汁黏稠即可。

💡 嘟妈制作心得

· 选择莲藕，要选择全藕，就是藕的头尾节都在，粗细均匀，尽量粗一点，长一点，不过长度不能超过家里煮锅的直径。
· 糯米清洗过后，一定要先浸泡，否则不容易把糯米炖酥软。
· 往藕孔里塞米，要用筷子将糯米捅实，糯米塞得紧实了，最后炖出来的糯米会和莲藕紧密地粘在一起，吃起来口感才会好。
· 桂花糖可以外面买，也可以在桂花成熟的季节自己做，将收获的桂花清理干净，一层桂花一层白糖铺在密封罐子里，放冰箱冷藏一段时间就是完美的糖桂花哦！

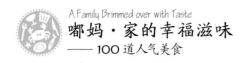

手机扫描二维码，
介绍更详细！

上班快手菜——减肥佳品 凉拌多味笋干

　　春天，笋干上市的季节，家里都会囤几包笋干，用新上市的笋干搭配蔬菜做凉拌菜，吃起来美味清香，是非常适合上班族的快手菜！凉拌笋干不光颜色鲜艳夺目，口味更是鲜美！夏天吃这菜很下饭！早餐吃泡饭的时候，用它做小菜也很不错！

材料

新上市的笋干 4 ～ 5 根，胡萝卜半根，香菜几根，超市买的裙边海带 1 根（海带要买那种沾了盐的绿油油的薄薄的裙边带）。

调料：盐 1/2 小勺，糖 1/2 大勺，芝麻油 1 大勺，黑芝麻和花生碎少量。

做法

❶ 笋干先洗干净，剪去老根，然后放在凉开水中泡发，再用手撕成笋干丝，撕好的笋干切成 2 段。

❷ 胡萝卜去皮切丝，香菜切末，海带清洗泡发后也切成细丝。

❸ 海带用滚水焯一下，捞出后，放进凉开水里放凉，再捞出沥干水分待用。

❹ 将所有其他材料混在大碗里，然后往大碗里加入所有调料，一起搅拌均匀就可以了！

💡 嘟妈制作心得

· 笋干比较咸，所以盐可以放少点。

· 笋干比较干，所以可以搭配海带、胡萝卜之类比较滑嫩湿润的蔬菜来调和味觉。

· 香菜在这个菜里有画龙点睛的功效，很清香！当然不喜欢这个味道的可以不放。

· 芝麻和花生米有点缀增香的作用，也可以不放。

· 笋干还是减肥的佳品。

手机扫描二维码，
介绍更详细！

3 分钟出品——夏日清凉小菜 蒜拍黄瓜牛肉

　　夏天最爱吃香辣鲜美的凉拌菜了！凉拌菜以清凉简便而深得人心！

　　酷暑的厨房，最爱厨房的煮夫厨娘也吃不消在厨房里做"桑拿"美食，这个时候用3分钟就能完成的美食，便是煮夫厨娘的第一选择，蒜拍黄瓜牛肉，3分钟出品的美味，值得一试！

材料

炖酥的牛肉1块，黄瓜1根，香菜几根，新鲜的蒜头1个。
调料：生抽2大勺，白糖1/2大勺，麻油1大勺，李锦记蒜蓉辣椒酱1大勺。

做法

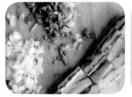   

❶ 黄瓜刨去小刺，用刀背拍松，蒜头切末，香菜切碎。

❷ 牛肉直接用手撕成小块。

❸ 所有材料放进大碗里，加进生抽2大勺，白糖1/2大勺，麻油1大勺。

❹ 还有李锦记蒜蓉辣椒酱1大勺，拌匀即可。

牛肉的做法：

　　牛肉泡去血水，放进盘子里，铺上姜片，放进压力锅隔水蒸30～40分钟。蒸好的牛肉取出，放凉后存入冰箱冷藏，随吃随取非常方便哦！

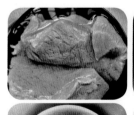 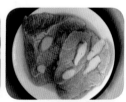
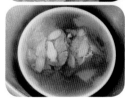 

 嘟妈制作心得

· 挑选牛肉以牛腱子、牛腿肉为合适。
· 压力锅蒸原汁牛肉非常地省时、美味，值得大家一试。

手机扫描二维码，
介绍更详细！

护肤软黄金 凉拌南极冰藻

南极冰藻又称紫晶藻，产自南极沿海没有污染的海域中，系野生天然深海藻类，是海洋植物中珍贵稀有品种之一。

南极冰藻外观色彩清亮、晶莹别透，内含水解胶原蛋白，有丰富的植物胶原和多种钙、碘、铁、磷、锌、维生素等人体必需的营养元素，它的水解明胶为小分子肽类，常吃能滋养肌肤和健胃清肠，延缓衰老，均衡体质。

冰藻一般用于凉拌，口感鲜嫩清脆、风味独具。

材料

南极冰藻 1 撮，黄瓜 1 ~ 2 根，胡萝卜半根，海带少量。
调料：盐 1 小勺，麻油 1 大勺，醋 1 大勺，白糖 1/2 勺，生抽 1 大勺，辣椒油少量，白芝麻少量。

做法

❶ 南极冰藻用凉水泡半分钟，再冲洗 6 ~ 8 次，洗净南极冰藻中的沙子，然后浸泡在凉开水中 10 分钟左右取出，沥干水待用。

❷ 胡萝卜去皮切丝，海带切丝，黄瓜刨去小刺也切丝待用。

❸ 锅里水煮滚，下胡萝卜丝和海带丝，焯熟后，捞出放凉。

❹ 所有食材放入大碗里，加进所有调料拌匀即可。

 嘟妈制作心得

· 南极冰藻富含胶原蛋白，当加热温度超过 50℃就会呈糊状，所以若要享受清爽口感的话，切不要用热水焯水哦，只要直接泡发后，用凉开水浸泡就可以了。
· 调料可以根据个人的喜爱调制。
· 南极冰藻含有丰富的胶原蛋白，爱美的你也赶紧来多吃点美容菜吧！

迷你的小包菜 **有机抱子甘蓝**

抱子甘蓝，就是一整个的迷你小包心菜。原产于地中海沿岸，以鲜嫩的小叶球为食用部位，是欧洲、北美洲国家的重要蔬菜之一。抱子甘蓝中小叶球蛋白质含量很高，居甘蓝类蔬菜之首，维生素 C 和微量元素硒的含量也较高。我国于 20 世纪末开始引进并种植抱子甘蓝，目前有机蔬菜中可以经常看到它的踪影。

材料

有机抱子甘蓝 1 盘，有机紫色胡萝卜 2 根，培根 2 片。
调料: 食用油，盐，黑胡椒粉，香油。

做法

① 抱子甘蓝根部切十字刀，培根切末，胡萝卜切块。然后再把抱子甘蓝入滚水（滚水里加入少量食用油和盐）焯 2 分钟捞出，冷水冲凉。

② 起油锅，把培根末烤香，盛出。

③ 原锅里放入抱子甘蓝转中小火慢慢烤熟，期间可加少量水烤煮。

④ 等抱子甘蓝彻底变熟后加进培根末拌匀，再加小半勺盐和少量黑胡椒、香油拌匀即可盛盘。成品碧绿迷人，香气扑鼻！

嘟妈制作心得

· 有机抱子甘蓝，口感微甜，很好吃，喜欢健康新鲜口味的可以买来尝试下。

· 抱子甘蓝味甘，性凉。有补肾壮骨、健胃通络之功效。可用于治疗久病体虚、食欲缺乏、胃部疾患等症。

· 抱子甘蓝营养丰富，富含维生素，所以不能炒得过熟。把抱子甘蓝先焯水，是为了减少甘蓝营养的流失。

· 焯水的时候在水里可以加少许食用油和盐，能让抱子甘蓝的颜色更加碧绿好看！

手机扫描二维码，
介绍更详细！

世界上最美妙的下饭菜 嫩姜炒肉酱

"冬吃萝卜夏吃姜，一年四季保安康。"这句俗语道出了夏季吃姜的好处。

每当夏天来临，嫩姜上市的季节，用鲜嫩的生姜与喷香开胃的黄豆酱一起烹饪，是小时候我们家常吃的一道经典夏天下饭菜。记得那时我每天放学回家，真是饿极了，进门放下书包后的第一件事情，就是取下挂在厨房的饭篮子，挖出一大碗的冷饭，用开水浸泡片刻后，挖进几勺嫩姜黄豆酱放在饭碗里，然后美美地迅速消灭一大碗饭，回忆那个味道真感觉冷饭＋嫩姜黄豆酱就是世界上最美妙的饭菜呀！如果黄豆酱中偶尔再出现几粒肉丁的话，那就更加美味了！

材料

嫩姜 1 块，香干几块，五花肉几块（100g 左右），葱少量。
调料：食用油少量，黄豆酱 2 大勺，白糖 1/2 大勺。

做法

❶ 所有材料洗净切片。

❷ 平底锅烧热，下肉片先炒香，肥肉多的话先熬制出猪油，再加入嫩姜片一起翻炒。

❸ 嫩姜炒出香味后加入香干片翻炒 2 分钟，再加入黄豆酱 2 大勺，白糖 1/2 大勺，加少量水一起煮滚。

❹ 收干汤汁后，撒上葱花即可出锅啦！

夏天吃姜的好处：

· 增进食欲。
· 解毒杀菌、祛风散寒。

手机扫描二维码,
菜更详细!

盐腌法——不用油炸的 **鱼香茄子**

鱼香茄子是一道常见川菜。鱼香是川菜主要传统味型之一。成菜具有鱼香味，但其味并不来自鱼，而是由红辣椒、葱、姜、蒜、糖、盐、酱油等调味品调制而成。饭店制作鱼香茄子一般要用大油锅炸茄子，以保持茄子漂亮的紫色，软糯的口感，但此法不适合家庭制作。这里分享一下可供家庭制作鱼香茄子的盐腌法，在省油的同时也可以制作出色泽漂亮、口感软糯的鱼香茄子哦！

材料

肥瘦三七开的猪肉末1团（约2大勺），长茄子3～4个，生姜半块，蒜头几瓣，辣椒1个，葱几根。
调料：水淀粉（淀粉3大勺，清水4～5大勺）；鱼香汁（生抽、陈醋、料酒、白糖、郫县豆瓣酱各1大勺，淀粉1大勺，高汤或水1/3小碗，油少量）。

做法

① 茄子切成5cm长的段，再在每段两头各切十字刀，不要切断，蒜头切片，姜切丝，辣椒切小段。

② 将茄子放进碗里，撒上半勺盐拌匀腌制10分钟，等茄身变软后，挤去茄子的水分待用。

③ 将水淀粉和鱼香汁分别装进小碗里拌匀。

④ 起油锅，炒香肉末至变色，先盛出。原锅放入茄段烤软后也取出。

⑤ 原锅补进少量油，放进姜蒜末、葱段和辣椒炒香，再加进鱼香汁，煮滚后再加入茄段和肉末一起煮入味。

⑥ 最后淋上水淀粉勾芡，出锅前可以再淋点香油以增香增色。

嘟妈制作心得

· 调出一碗让人开胃的鱼香汁是做好这个菜的关键。大家可以根据自己家人的口味调制，先品尝下味道，满意就OK了。
· 茄子事先用盐腌制一下，是为了让茄子先变软，变软后的茄子在烹制过程中熟得既快又省油，还能尽可能地保留住茄子的紫色。
· 最后的勾芡要注意黏稠度，以适中为好。

手机扫描二维码，
介绍更详细！

最简单的方法做出流油的 **咸鸭蛋**

咸鸭蛋，是我们夏天必吃的美味下饭菜，尤其是流油的咸鸭蛋，那滋味别提有多美妙了！

咸鸭蛋的制作方法很多，一般有黄沙腌蛋法、饱和食盐水腌制法、面糊腌制法、白酒浸制法等等，这里要介绍的是适合家庭制作的、最简单的白酒浸制法。只要原料准备好，保证谁都能腌制出完美的、流油的咸鸭蛋！

 ## 材料

新鲜鸭蛋 10 个。

调料：高度白酒 1 小瓶，粗盐 1 包。

做法

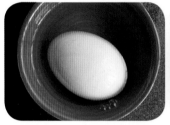

❶ 将鸭蛋洗净，自然晾干水分。白酒和粗盐分别倒在小碗里，把晾干的鸭蛋放进白酒碗里整个浸泡湿。

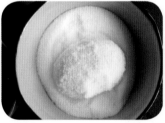

❷ 将浸泡过白酒的鸭蛋取出后放进盐碗里滚上一层粗盐，再放进保鲜袋里。

❸ 依此步骤，让所有的鸭蛋浸酒滚上一层粗盐，一起放进保鲜袋里，上面再撒少量盐，扎紧口袋，放在阴凉处 30 天即可。

❹ 要吃的时候，蒸熟就可以享受流油的咸鸭蛋了哦！

 嘟妈制作心得

· 鸭蛋在装入袋封口的时候要加入一些盐，要存放在阴凉通风的地方，温度不能太高，不然鸭蛋容易坏掉。

· 这个方法腌的鸭蛋便于携带，干净卫生，有了白酒的浸润，鸭蛋黄很容易冒油，而且还很省盐呢！

· 咸鸭蛋虽好吃，但也不能吃多哦。

手机扫描二维码,
阅读更详细!

不时不食 咸肉蒸春笋

民以食为天。孔子曰："不时，不食。"意思是说，不是这个季节的东西，你不要去吃。中国饮食文化博大精深，"不时不食"是精髓所在。

春天，春笋是江浙一带最时鲜的美味。如《舌尖上的中国》第二季解说：天目山，春雷响起，深山中的村民来到大山挖掘雷笋，以笋为生的临安人，用雷笋制作各色美味，雷笋炒肉丝、多味笋干、咸肉蒸黄泥拱……

黄泥拱是挖笋人专享的稀有美味，一座山头据说也只能找到3～4棵，肉质细腻爽脆，还有梨子的口感……这种珍贵的美味我们寻常百姓很难享受到，但是我们可以用鲜嫩的春笋来代替黄泥拱，咸肉蒸春笋，也是春季老百姓餐桌上最受欢迎的一道鲜美的下饭菜！

材料

春笋2棵，咸肉1小块，小香菇1个。

做法

❶ 春笋去皮洗净切斜片，咸肉洗净切薄片。

❷ 把笋片铺在盘底，可以摆出一个圆形，再把咸肉铺上面。

❸ 为了摆盘漂亮，咸肉上面再铺上花朵般的笋片，最后在笋片中间放一个小香菇做花蕊点缀。

❹ 锅里水煮滚，放进春笋肉片，盖上盖子大火蒸7～8分钟，取出即可。

嘟妈制作心得

· 春笋要去掉老根，留嫩笋头做这道菜，口味最佳。
· 咸肉最好用肥瘦相间的咸五花肉，口感最佳。
· 咸肉有保护神经系统、促进肠胃蠕动、抗脚气的功效。
· 一道普通的家常菜，给它摆个漂亮的造型就成为家里吸引眼球的宴客菜了！

手机扫描二维码，
介绍更详细！

酸甜爽脆开胃小菜 秘制五香酱萝卜

酱萝卜，酸甜爽脆，一年四季都很受人们欢迎。尤其是我们江南的五香酱萝卜，很多著名餐厅都能觅到它的身影。如此普通寻常的白萝卜，照样也能登大雅之堂，可见其魅力影响深远。尤其是夏天，这道开胃小菜更受人欢迎，老人孩子都百吃不厌！其实自制五香酱萝卜非常简单方便，味道还可以和市售的媲美哦！

材料

白萝卜半条（约500g）。
腌制料：白糖20g，盐20g。
调料：白糖：酱油：米醋：白开水比例为 1 ： 1 ： 1 ： 2，总的液体量不少于300ml；香叶、桂皮、八角、辣椒少量。

做法

❶ 将白萝卜稍微刮去比较脏的外皮，对半切开，再切成3mm左右厚度的片。

❷ 先加白糖腌制半天，腌出水分后挤去水分，然后加盐腌制2小时，再挤去水分待用。

❸ 把所有调料放进小锅里，加热，让白糖溶解，各种调料充分释放香气，调料煮滚后熄火，置放凉后倒进干净的瓶子里。

❹ 再把腌制好的萝卜放进瓶子里，让调料充分浸泡萝卜，盖上盖子存入冰箱冷藏2天即可食用了。

 嘟妈制作心得

· 萝卜腌制要先用糖腌制，要比用盐腌制时间长，先用糖腌制能更好地去除萝卜的苦涩味。
· 调料配比很关键，可根据自己的口味再作调整，调料的量不能太少，以能浸没萝卜片为好。
· 白糖腌萝卜挤出的水，有很好的润肺清火、助消化的功效。

大快朵颐吃肉肉—— 红曲黄豆炖蹄髈

来一锅浓香扑鼻、红润油亮的炖猪蹄髈，大快朵颐地吃肉肉，是人生的一大幸福！

北方所说的肘子，就是我们江南所称的蹄髈，就是那连着猪蹄的上面一截，带着多多的肉，是深受人们喜爱的家常食物。蹄髈可以炖汤，也可以红烧。将红烧的蹄髈炖得色泽深红、浓香扑鼻、酥而不烂、肥而不腻，一锅好的卤料是关键。看上去肥腻的肉，但夹一块送到嘴里，却美味无比，这就是蹄髈的魅力！

材料

猪蹄髈1个，黄豆1小碗，生姜1块，小葱1把。
调料：红曲粉30g，冰糖20g，生抽4大勺，老抽1大勺，盐1小勺，黄酒半碗约100g，五香粉少量。

做法

① 将葱结、生姜、半锅水、红曲粉、五香粉、盐一起放进压力锅里（不用压力）煮滚。

② 锅里加水和姜片煮滚，放入蹄髈焯水，取出冲洗干净后，再放进有卤料的压力锅里一起炖。

③ 压力锅炖30分钟后，加进泡发好的黄豆（黄豆最好也事先焯水，能去除豆腥味），加入冰糖、生抽和老抽，再用压力锅炖20分钟熄火。

嘟妈制作心得

· 诱惑的色泽：关键调料是红曲米。
· 红曲就是曲霉科真菌紫色红曲霉，又称红曲霉，天然红曲是用红曲霉菌在大米中培养发酵而成。有健脾消食、活血化瘀的功效。
· 香甜柔润的口感：用冰糖代替传统的白糖烹饪法，能让蹄髈的味道更加柔润。
· 由于蹄髈中的胆固醇含量较高，因此胃肠消化功能较弱的老人一次不能过量食用。
· 蹄髈分为前、后蹄髈（前、后肘），前蹄（前肘）肉多，后蹄（后肘）骨大，以前蹄为好。
· 吃蹄髈，还可"和血脉、填肾精、健腰脚"，女性吃了还能美颜润肌肤。

④ 最后，等压力锅冷却后开锅，此时蹄髈酥烂，黄豆酥软。

手机扫描二维码，
介绍更详细！

备受欢迎的简单传统粤味 豉油鸡

豉油鸡是粤菜中著名的一道菜，这道菜色泽鲜亮，鸡肉滑嫩。虽然用料简单，做法简单，但做出来的鸡肉却特别滑嫩可口，所以是备受大家喜欢的家常菜。

材料

嫩鸡半只（500g左右），姜1块，洋葱1个。
调料：盐，李锦记柱侯酱4大勺，生抽6大勺，老抽3大勺，冰糖1把（约20g），黄酒3大勺，蜂蜜少量。

做法

❶ 用1勺盐把鸡里外抹一遍，腌制30分钟。

❷ 腌制鸡的时候，洋葱切片，姜切片，一起放进锅里。

❸ 锅里加3碗水，再加所有调料（除黄酒、蜂蜜），加盖中火熬煮豉油汁。

❹ 豉油汁煮滚后，放进腌制好的鸡，加进黄酒，等锅中的豉油汁再次沸腾后转小火。

❺ 转小火后，反复用勺子把豉油汁淋在鸡上，10分钟后把鸡翻面，继续用勺淋汁再煮10分钟关火。盖上锅盖，让鸡浸泡在热豉油汁中约10分钟，使整鸡上色均匀光亮。

❻ 从鸡大腿中插入筷子，没有血水流出来就表示熟了，取出，在表面刷上蜂蜜，晾干后切块就可以享用了。

嘟妈制作心得

· 豉油鸡既可以冷吃也可以热吃，食用时可以蘸汁食用。
· 煮的时候控制好时间，以20分钟之内最为合适，然后再在汤汁里浸泡10分钟让它彻底熟透。如此做出来的鸡肉最为滑嫩，是传说中的骨髓红。
· 嫩鸡的大小控制在1.5kg以内口感最佳。三口之家建议一次做半只。
· 倒出的豉油汁不要倒掉哦，放凉后，密封放入冰箱保存，下次做卤味的时候可以继续使用。

手机扫描二维码，
介绍更详细！

一根筷子做出饭店级别的 美味蒸鱼

　　说起蒸鱼，我有家传的蒸鱼秘籍——一根筷子。

　　利用筷子架空鱼身，蒸鱼时，能让水蒸气全面"桑拿"鱼，如此鱼也就能在最短的时间内蒸熟了。我家蒸出来的鱼，鲜嫩美味，可跟外面饭店的蒸鱼媲美。

　　清蒸海鲈鱼，肉多刺少，营养丰富，价格也适中，孩子吃很合适。

材料

海鲈鱼 1 条（约 500g），葱姜少量，辣椒 3 个（一个做点缀，两个切丝）。
调料：盐 1 小勺，白胡椒粉少量，李锦记蒸鱼豉油 2 ~ 3 大勺。

做法

① 将鲈鱼洗净，身上斜划几刀，抹上盐和胡椒粉腌制 20 分钟。葱段姜片分别铺在鱼身上和塞在鱼肚子里。

② 腌制鱼的时候来做个漂亮的葱花和辣椒花，就是用小刀或剪刀把辣椒和葱段剖划成一丝一丝。

③ 腌制好的鱼身下插一根筷子横在盘上（这步是关键哦）。

④ 然后待水滚后上锅蒸 5 分钟，开盖子看到鱼眼珠已经翻滚了出来，就表示鱼已经彻底熟了。

⑤ 取出鱼盘，用筷子夹去蒸黄的葱段，淋上蒸鱼豉油，再在鱼身上点缀新鲜的葱花和红椒花。

⑥ 最后锅里烧个滚油淋在鱼身上就 OK 了。

嘟妈制作心得

- 鲈鱼不要选太大的，太大的鱼用家里的蒸器不太容易在短时间内把鱼蒸熟。
- 我这里选的是海鲈鱼，大家也可选一般的鲈鱼，或其他喜欢吃的鱼，都可以同样清蒸。
- 蒸鱼一定要用盐和胡椒粉腌制鱼身，盐能让鱼肉入味，胡椒粉能去除鱼的腥味。
- 蒸鱼的时候一定要记得在水滚后蒸，滚烫的水蒸气能让鱼快速烧熟。
- 蒸鱼的时候，鱼身下放筷子是关键，那可是让鱼在最短时间内烧熟并肉质鲜嫩的秘籍呀！
- 上桌前，淋上蒸鱼豉油，让鱼肉鲜嫩的同时更加美味。
- 去掉黄葱，淋上滚油，点缀花朵是装饰，起画龙点睛的功效！

手机扫描二维码，
介绍更详细！

带有蟹味的杭州名菜 西湖醋鱼

西湖醋鱼是杭州名菜中的看家菜，又称"叔嫂传珍"，传说是古时嫂嫂给小叔烧过一碗加糖加醋的鱼而得名。

此道菜选用西湖草鱼做原料，烹制前一般先要在鱼笼中饿养一两天，使其排泄肠内杂物，除去泥土味。烹制时火候要求非常严格，仅能用三四分钟烧得恰到好处。烧好后，再浇上一层平滑油亮的糖醋，胸鳍竖起，肉嫩鲜美，带有蟹香，味道鲜嫩酸甜。

一般家庭也可以学着制作。家里制作西湖醋鱼不要选择体积大的草鱼，平常家庭爱吃的鳜鱼、鲈鱼都是不错的选择。

材料

鲈鱼 1 条（约 500g 左右），生姜 1 块。
调料：绍兴黄酒 50g，酱油 75g，玫瑰醋 50g，白砂糖 60g，湿淀粉水 50g，胡椒粉适量。

做法

❶ 先把鱼剖劈成雌雄两片（连脊椎骨一边称雄片，另一边为雌片）。在雌片脊部厚肉处向腹部斜剖一长刀（深约 3 ~ 4cm），不要损伤划破鱼皮。

❷ 在雄片上，从颔下 2 ~ 3cm 处开始每隔 2 ~ 3cm 斜片一刀（深切到鱼骨），刀口斜向头部（共切五刀），第三刀时切断，使鱼分成两段（如果买的是小鱼，就不用切断了）。

❸ 大锅里水烧开后，放入姜片，再把鱼片放入锅中。注意：先放入雄片，再放雌片，皮朝上。加黄酒和少量盐，关火，盖上盖热养 4 分钟，再将水烧开后，捞出鱼片装盘。

❹ 焖养鱼的时候，生姜切末，调一碗淀粉水，再把所有调料（除去淀粉水）放进小碗里拌匀。

❺ 锅内留下约 200g 鱼汤水，加入碗内的所有调料一起煮滚，撒上少量胡椒粉，再加淀粉水勾芡，汁的浓度以拿起勺子汤汁可以直线挂下为准。

❻ 最后把煮滚的糖醋汁徐徐浇在鱼身上，撒上少量生姜末即可。

 嘟妈制作心得

· 鱼的挑选可以是鳜鱼和鲈鱼等肉多刺少的鱼，家庭食用 500g 左右最合适。

· 这鱼主要是靠热水养熟的，所以最后煮沸后要立即关火，此时的鱼肉十分鲜嫩。

· 芡汁不宜过于黏稠，淀粉水不需要全部加入，加到汁的浓度以拎起勺子汤汁可以直线挂下为准。

· 调料的选择要选江浙一带的产品，做出来的西湖醋鱼才会口味正宗，买不到江浙普通酱油的话，可以用 5 勺生抽加 2 勺老抽代替。

手机扫描嘟妈，
介绍更详细！

鲜美无比的简单菜 肉末菌菇蒸梭子蟹

秋季是蟹肥的季节！不管是河蟹还是海蟹，雌蟹黄满，雄蟹膏肥，蟹肉肥香，味道鲜美！菜场里的梭子蟹最价廉物美。梭子蟹肉肥味美，有较高的营养价值，富含蛋白质、脂肪及多种矿物质。梭子蟹的做法很多，除了干蒸、煮汤，还有各种口味的红烧、梭子蟹炒年糕等等。肉末菌菇蒸梭子蟹，结合了肉末、菌菇和蟹的营养，蟹、肉末和菌菇的鲜香相互渗透，鲜美无比。蒸着吃还可以保留各种营养成分，健康又美味！

材料

肥瘦相间的肉末 3 大勺（50g），梭子蟹 2 只，杏鲍菇 1 把，生姜 1 块，葱几根。

调料：盐少量，胡椒粉适量，黄酒少量，米醋少量。

做法

① 将肉末放进耐高温的玻璃大碗里，加半小勺的盐和少量胡椒粉拌匀。

② 上面撒上洗净的杏鲍菇。

③ 再把洗净的梭子蟹放在杏鲍菇上面，铺上姜片。

④ 最后盖上梭子蟹的盖壳，盖壳上铺上姜片和葱白段，再撒上少量盐和黄酒。

⑤ 将锅里水煮滚，放进准备好的玻璃碗，盖上锅盖蒸 8 分钟左右即可取出。

⑥ 上桌的时候可以配上一小碟米醋蘸食，肉末菌菇和海鲜的搭配，味道超级鲜美哦！

嘟妈制作心得

· 肉末要事先调味，整道菜味道才会入味。

· 蒸菜要滚水上锅蒸，能在最短的时间内让食物快速成熟。

· 蒸菜的容器用一般的盘碗即可，如果要用玻璃容器，一定要采用耐高温的特制玻璃碗。

手机扫描二维码，
介绍更详细！

平底锅出品——阳光 **孜然香草烤牛肉串**

平底锅香草烤牛肉串，味道如何？三个字：鲜！香！辣！

说它是阳光牛肉串，是因为所有原料都是亲手配制，如同阳光般的健康食物，还有拍照片的时候，正好有一缕阳光从窗户外照射进来，给牛肉串拍出了个阳光的背影……

烤牛肉串实在是冬日里的过瘾小食，做起来还一点也不复杂，学会了这个，大家就不用去吃路边的，不知道是什么肉做的新疆牛羊肉串了！

看看是不是很简单呢？

材料

牛腿肉或牛里脊肉 1 块，青红椒各半个，迷迭香 1 根（没有可不用），孜然粉、辣椒粉少量。

腌制牛肉的调料：生抽 3 勺，老抽 1 大勺，白糖 1/2 大勺，孜然粉、黑椒粉、辣椒粉各少量，食用油 1 大勺。

做法

① 将牛肉先切成小丁（最好是长 2cm、宽 1cm，厚度不要超过 1cm），再在牛肉丁中加进剪碎的迷迭香和腌制调料拌均匀，腌制半个小时左右。

② 将青、红椒切小块，加进少量的盐、胡椒粉和食用油腌制片刻。

③ 将腌制好的牛肉和青红椒用竹签交替串起来。

④ 平底锅加热，放进少量的油润锅，铺进牛肉串，用中火将牛肉串烤到四面金黄，烤的时候要经常用铲子压压牛肉串。

⑤ 再用小火，撒上腌制牛肉剩下的调料，盖上盖子焖烤一会儿。

⑥ 直到筷子能轻易插进牛肉里，撒上孜然粉和辣椒粉，再加热片刻就可以出锅了。

💡 嘟妈制作心得

· 用平底锅做烤肉串要注意火候，千万别一开始就用大火，会把肉串烤糊的。

· 所选的肉，牛羊肉都可以，最好选择比较嫩的里脊肉。

· 腌制牛肉的时候，千万不要加盐，要不烤牛肉的时候牛肉容易出水，会让牛肉口感变老。

用手扫描二维码，
看更详细！

新年开门红 爆竹迎春卷

　　春卷是用干面皮包馅，经煎、炸而成。它是由立春之日食用春盘（饼）的习俗演变而来的。

　　春卷分甜的和咸的两种：甜的一般包入豆沙、黑芝麻等甜馅；咸的以包入时鲜的蔬菜为主，如雪菜肉末和韭芽肉丝类等。做好的春卷经过油锅的煎炸，香脆可口，非常美味，是江南人家过年时的常备菜之一。这款爆竹迎春春卷在制作上比传统的春卷多了一份新意，把鲜虾包入春卷，让春卷看起来更加像一个喜庆的爆竹。瞧瞧，是不是很像呢？

材料

春卷皮十几张，三七开肥瘦的五花肉或夹心肉1条，雪菜1小把，豆腐干2～3块，明虾十几只。

调料：食用油、盐、胡椒粉适量。

做法

❶ 将豆腐干和雪菜切成小丁，将肉剁成泥。

❷ 平底锅烧热放入少量油，下雪菜滑炒，炒出香味就先盛出。原锅再下肉泥和豆腐干丁，翻炒至肉变色。

❸ 最后再加进雪菜，炒匀后，撒上一勺盐，盛出放凉待用。

❹ 在馅料待凉时，处理明虾：将明虾拉去头和肠线，剥壳只留下一小节尾巴，洗干净，加少量盐和胡椒粉腌制一会儿。

❺ 然后取一张春卷皮，放进一勺雪菜馅，一边折起，放上虾，再折上另一边，卷起来。

❻ 把包好的春卷，下油锅，用中小火四面煎黄即可。

嘟妈制作心得

· 春卷包入的馅料可根据各人口味调整。

· 春卷可以油炸，也可以煎煮。我家制作时选择少油的煎煮。

· 煎春卷的时候要用中小火，大火易把春卷煎糊了。

· 春卷是煎炸食品，其所含油脂量及热量偏高，不宜多食。

家庭自制年货——弹性十足的喷香 杭州酱肉

　　快过年的时候，杭州人家，家家户户都要做点酱制品，这个时候，大街小巷，满眼都是酱制品了，酱鸭、酱鸡、酱肉……喷香的酱油加上五香调料酱出来的各种酱制品，真是太诱人了！各家制作的酱货根据配料的不同，口味都会有不同。这里分享的是嘟妈家酱肉的做法，做法很简单，吃起来很美味，值得一试！

材料

上好的紧实五花肉 3 条。

调料：普通袋装酱油 3 ~ 4 包，白糖 200g，各种香料（八角、桂皮、草果、香果、豆蔻、香叶、花椒、辣椒等）少量，白酒 50g。

做法

❶ 取一个大大的汤锅，把酱油、白糖和香料都一起放进，煮滚后，再小火煮片刻。

❷ 煮到白糖彻底溶化，香料煮出香味，撇去浮沫，再倒进少量白酒拌匀增香，关火放凉。

❸ 用刀把五花肉表皮刮干净。把五花肉放进冷却的酱油盆中，一天后，给酱肉翻个身。如果酱油不够多的话需要经常用勺子舀起酱油淋肉，帮助入味。

❹ 1 ~ 2 天后，把肉捞出，挂在阳台上，在阳光下晾晒一个星期，就可以做成我们餐桌上的美味了！

 嘟妈制作心得

· 酱肉要在寒冷的冬天制作。
· 挑选猪肉，以肥瘦相间的五花肉为好，尽量挑选膘白、没有肋骨、红白相间、条纹清楚又紧实的五花肉，这样的肉酱好了吃起来特别香！
· 酱剩的酱油也不要扔掉，再把它煮一下，还可以再酱一次肉哦！
· 酱肉做好趁新鲜食用口味最佳，吃不完的可以放入冰箱冷冻保存。
· 酱油里加入白酒不仅有增香的功能，还能预防酱肉晾晒时被虫子叮咬。

手机扫描二维码,
介绍更详细!

浓浓年味—— 自制麻辣腊肠

麻辣香肠是四川经典美食之一。中国的很多地方都有在过年前制作香肠腊肉的习俗。四川的麻辣香肠因为添加了辣椒面和花椒面，风味十分独特，其色、香、味、形等均与其他香肠有异，进食时香辣味重，咸中带甜，稍有麻舌感，能促进食欲，风味甚佳。

材料

肥瘦三七比例的夹心猪肉丝 2500g，盐渍肠衣 1 包。
调料：白糖 50g，盐 50g，生抽 5 勺，花椒粉 30g，辣椒粉 30g（花椒粉和辣椒粉的量可以根据个人口味添加），红曲粉 10g，白酒 100g。
做香肠的工具：大号漏斗 1 个，绳子适量。

做法

① 肉丝拌入麻辣调料，拌匀，腌制 2 小时。

② 肠衣用清水灌洗几次，冲洗干净。

③ 清洗好的肠衣全部套入漏斗口子上，末端打节。

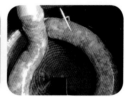

④ 漏斗内依次灌入腌制好的肉丝，灌入到一定的长度，用牙签在肠子上分别扎几个小洞，挤去空气。

⑤ 再用棉线按一定的距离给肠子紧紧的扎上绳子，分成均匀的小段。

⑥ 灌好的肠子挂起来，在阴凉通风处阴干 1～2 个星期，晾至肠子表皮干硬即可收藏进冰箱冷冻层，慢慢享用了！

嘟妈制作心得

· 腊肠适合在寒冷的冬天制作。
· 猪肉买好，请卖肉老板用机器切成丝，或剁成泥，可以省事不少。
· 肉丝要比肉末做的腊肠口感更好，吃起来更加有弹性，所以除非追求口感特别细腻的，一般只要用肉丝灌肠子就可以了。
· 灌肠子时，建议戴上一次性手套用手指按压，灌肠子非常方便。

鲜美得无法形容 **虫草花菌菇筒骨火锅汤底**

　　天一冷，就怀念那热气腾腾的火锅，一家人围坐一桌，涮着浓汤里肥嫩的牛羊肉片，再捞出肉片蘸上鲜美的调料，一口吃进嘴里，那幸福的滋味真是无法言语了！

　　外面吃的火锅虽然鲜美，但此起彼伏的食品安全问题也时刻给我们敲响警钟，那鲜美的汤底到底是有多少值得信赖的呢？推荐一款健康指数100分的营养又鲜美的火锅汤底——虫草花菌菇筒骨火锅汤底。

 ## 材料

筒骨1根，各种菌菇1堆（鲜的干的都可以），虫草花1把，红枣几个，生姜1块。
调料：盐。

 ## 做法

❶ 筒骨下锅，加水和生姜，煮滚后捞出筒骨冲洗干净。重新放进砂锅或铸铁锅里，加水到锅2/3处，加进生姜片。

❷ 大火煮滚后加入洗干净的虫草花和菌菇等配料，继续煮滚后转小火炖2小时。

关于虫草花：

　　"虫草花"并非花，它是人工培养的虫草子实体，培养基是仿造天然虫子所含的各种养分，包括谷物类、豆类、蛋奶类等，属于一种真菌类。与常见的香菇、平菇等食用菌很相似，只是菌种、生长环境和生长条件不同。

　　虫草花与冬虫夏草有许多相似的地方，富含蛋白质、18种氨基酸、17种微量元素、12种维生素等，有近冬虫夏草的功效。

💡 嘟妈制作心得

· 这个汤锅捞去各种配料，就是极其鲜美的火锅汤底了，家有火锅的就可以开涮羊牛肉了！没有火锅的也可以直接当汤煲食用，当然需要预先加点盐进去调味。

手机扫描二维码，
介绍更详细！

益气补血膳食之 **党参红枣枸杞老母鸡汤**

最近身体比较弱，整天有气无力，病恹恹……

有天一看，大拇指上仅有的 2 个月牙白也竟然快消失了，哎哟不好，赶紧要给身体补充能量了！

党参红枣枸杞老母鸡汤：这是一道味道鲜美、营养丰富的滋补汤水，对于身体虚弱的人来说，喝这款汤会有很好的强健身体的功效。

 材料

党参 30g，芡实 30g，大红枣 5 颗，枸杞 10g，老母鸡 1 只。
调料：盐。

做法

所有材料洗净，一起放进汤锅里（如果母鸡质量不是很好，就先焯水再下锅炖），加满水，大火煮开后再用小火炖 2 小时，熄火后加盐调味即可食用。

嘟妈制作心得

月牙白是人体精力是否充沛、脏腑是否健康的"晴雨表"。

中医认为"肝主筋，齐华在爪"。人的十根手指对应着五脏六腑，各脏器的气血是否充盈，通过观察指甲便可知晓。气血不足时，指甲就会变形，长白点，月牙也会消失；体内气血充盈后，月牙会长出来。肺功能不好，指甲还会呈汤匙状。月牙消失是身体亚健康的信号，提醒我们需要好好休息，好好调理身体了！

鲜掉眉毛的一碗好汤 松茸蒸鸡

　　极其简单的做法——蒸，就能烹制出食材最最自然又健康的鲜美滋味。这个松茸蒸鸡，鸡肉喷香，脱骨酥嫩；松茸鲜美，润滑爽口，原汁的鸡汤清香鲜美，喝上一口，真是要鲜得眉毛都掉下来了！

材料

土鸡半只，冻干松茸几片，生姜 1 块。
调料：黄酒 1/2 大勺，盐 1 小勺。

做法

❶ 松茸放碗里，加净水迅速泡发开。

❷ 土鸡剁成小块，生姜切片，把土鸡块放进大碗里，铺上姜片和泡发好的松茸片。

❸ 淋上浸泡松茸的水（沉淀物丢弃），再倒上 1/2 大勺的黄酒和 1 小勺的盐。

❹ 放进滚水锅里隔水蒸 40 分钟左右即可。

🔆 嘟妈制作心得

- 松茸是一种纯天然的珍稀名贵食用菌类，被誉为"菌中之王"。
- 松茸的做法很多，新鲜的松茸可以切成薄片直接吃，称为松茸刺身，有鲍鱼的味道，也可以蘸酱油或蘸盐吃。
- 最简单的做法就是把松茸放入平底锅里煎着吃，所谓越简单的烹饪越能品尝到食材独特的原味。还可以用松茸和鸡或排骨之类炖一个鲜美的汤煲，也可以和鸡蛋组合做松茸蒸蛋。
- 我买的松茸是冻干松茸，淘宝上有卖。它是把新鲜松茸完全处理干净后，放在 -40 ～ -100℃ 的低温下把水分完全冻干而成，所以冻干后的松茸如同棉花一般轻软，完全保持了新鲜松茸的口感和营养。

手机扫描二维码，
介绍更详细！

沸腾出幸福的新年火锅 吉祥金银满盆

元旦一过，转眼就是农历新年了，大街小巷洋溢着节日的气氛，超市里也早已锣鼓喧天啦！给新年的餐桌准备一个讨彩头又喜气的新年火锅，也是非常地应景。这个金银满盆锅，用金黄的蛋饺和白色的水饺为主料，有机生菜和有机紫色花菜做点缀，再放入几个金球般的油面筋，看起来富贵吉祥，把它们放进沸腾的火锅里，能给寒冷的冬天添加温暖和幸福的滋味！

 材料

火锅汤料：肉骨头若干，土鸡腿1只，大葱1根，姜1块，香菇、红枣、桂圆各几个。
火锅配料：鸡蛋2个，饺子皮和油面筋若干，肉泥1碗（100g），有机紫色花菜1棵，有机生菜1棵，大白菜芯1棵。
肉泥调料：盐1/2小勺，生抽1勺，葱适量，蛋清1/2个。

做法

❶ 骨头和鸡腿先焯水洗干净，加进葱段姜片和一大锅的水，大火煮开转小火炖1个小时。

❷ 炖汤底的时候，准备配料：油面筋中塞进拌好调料的肉。

❸ 饺子也用包饺子工具包好。

❹ 不锈钢汤勺放在灶上用最小火烧热，抹上少量猪油，舀入1勺打散的蛋液，用手转动出一个蛋饼。

❺ 放入一团肉泥，再用筷子把蛋皮对折把肉包起来。依次包好所有蛋饺。

❻ 如图装盘，吉祥喜气的金银满盆锅完成了！

❼ 煮好的汤底加进香菇、大葱、红枣、桂圆等小料，煮滚后转移到小火锅里。

❽ 端上金银满盆和各种火锅配菜，点火开涮！

紫色花菜很少见，它可是有机的哦！口感特别鲜嫩，很适合做火锅配菜。

手机扫描二维码，
介绍更详细！

吃火锅不可或缺的鲜美涮料 **虾滑**

冬天的时候，我们家嘟宝很爱吃火锅！

不是去外面吃火锅，而是一家人宅在家吃温暖的家庭火锅！

一家人围坐一桌，其乐融融，再涮着各种牛羊鲜滑，鲜美温暖的滋味简直无法言表……

 ## 材料

明虾 500g。

调料：盐 1 小勺，白胡椒粉少量，蛋清 1 个，生粉、食用油各 2 大勺。

做法

❶ 虾去壳，拉去头同时顺带拉去沙肠，用锤子敲烂虾肉（没有锤子可以用刀背敲烂虾肉，或用刀直接剁）。

❷ 再用刀剁成虾泥，剁好的虾泥依次加进盐 1 勺，蛋清 1 个，生粉 2 勺，每加一次都要朝同一个方向用筷子搅拌均匀。

❸ 搅拌到虾泥上劲时，最后再加 2 大勺油，搅拌均匀后盛进碗里压扁，虾滑就做成了。

嘟妈制作心得

· "滑"是将新鲜的原材料剁至胶质，所以虾滑也叫虾胶。

· 一次可以多做一些，多的部分放入冰箱冷冻保存，吃之前自然解冻即可。

· 新鲜做好的虾滑最好放进冰箱冷藏 2 小时后再用来涮火锅吃，这时虾滑的口感最佳。当然等不及也可以直接开吃！

· 同样的方法可以做出各种各样的美味哦！虾滑、鱼滑、牛滑、鸡滑、墨鱼滑、猪肉滑、鳕鱼滑……只要你能想出来的，全部能做成鲜滑。

第二部分
洋气厨房
Delicious Foreign Food

洋气厨房

DELICIOUS FOREIGN FOOD

美食是不分国界的！只要是美食，不管是哪个国家的，哪个菜系的，人人都爱！牛排、披萨、汉堡包，还有辣白菜、参鸡汤、烤肉……

洋气厨房从两个部分介绍了广受潮妈们热爱的洋气美食

①懒人塔吉锅菜：

用简单的食材快速地做好一家人的一日三餐，是嘟妈一直以来追求的简单生活方式，相信这也是大多数妈妈们的生活目标，谁会喜欢整天被家务所困呢？

做出简单美味又营养的家常菜，有一个工具经常会帮上我的忙——塔吉锅！……（塔吉锅介绍详见本书第 220 页）

②异国风情洋气美味：

当越来越多的异国美食通过各种途径进入你的视线，我们餐桌上的美食也就更加丰富了！

"民以食为天"不仅是解决温饱。享受无国界的美食，更是享受我们的美丽人生！

A Family Brimmed over with Taste

嘟妈·家的幸福滋味
—— 100 道人气美食

塔吉锅懒人菜——抗衰老的 **养颜鱼头煲**

香辣鲜美、荤素结合的干锅鱼头，只需要烹制十几分钟，你信吗？

荤素一锅搞定是我家做菜惯用的偷懒手法，只要花十几分钟做一锅鱼头，再做个简单的汤，一家三口的一顿饭就轻松搞定啦！

🍅 材料

鱼头半个，大葱1根，姜1块，蒜头2个，新鲜大豆和小番茄少量，大土豆1个。

腌制料：生抽1大勺，蚝油2大勺，李锦记香辣豆豉酱1大勺，白胡椒粉少量，白糖1/2大勺，黄酒2大勺。

🍱 做法

① 洗净鱼头，在鱼头上用刀斜切几刀。

② 鱼头放碗里，加入所有腌制料拌匀，腌制20分钟。

③ 腌制鱼头的时候，把各种配料洗净切片和块。

④ 用小火把塔吉锅烧热，倒少量油抹匀，下姜片和蒜头先炒香，再加入大葱段。

⑤ 随后依次炒香土豆块、小番茄。

⑥ 把腌制好的鱼头和腌制料一起放在炒香的配料上面，再撒上大豆，不盖盖子用中火煮。

⑦ 等到锅里的底部材料有点沸腾了，盖上帽子盖，中小火焖煮10分钟，再关火焖3分钟。

⑧ 开盖子撒入大葱圈和番茄切花做装饰，吃的时候把汤汁淋在鱼头上。

💡 嘟妈制作心得

· 这道菜的烹饪时间只有短短十几分钟，但你完全不用担心鱼头和土豆没有熟哦！

· 烹制全程不需要加一滴水。

· 全程用中小火煮。虽然只用短短十几分钟，但是土豆酥软、鱼肉滑嫩了。节能和省时就是塔吉锅的强大功效！

手机扫描二维码，
介绍更详细！

超级有成就感的懒人菜 塔吉锅蚝油南瓜鸡翅

这个塔吉锅是嘟妈家的第一个塔吉锅，第一次用这个锅子时，我认真地根据资料一步步操作，但并不能确定鸡翅膀是否真的能在这么短的时间内煮熟，所以我怀着忐忑不安的心情揭开了锅盖……

但看到下面的结果，实在让我高兴！完美的鸡翅膀呀！

📷 材料

南瓜半个，鸡翅膀 8 个，蒜头 1 个，生姜 1 小块，胡萝卜 1 个，青大蒜几根。
调料：食用油 1 大勺，蚝油 2 大勺，海鲜酱 1 勺，生抽 1 大勺，老抽 1/2 大勺，黑胡椒粉少量，葱姜蒜粉少量，白糖 1/2 大勺。

📋 做法

❶ 把鸡翅膀洗干净，用刀在翅膀的反面切几刀，然后用厨房纸巾吸干翅膀的水分。

❷ 鸡翅放碗里，加进所有调料（除食用油外）拌匀，然后包上保鲜膜放进冰箱腌制一个晚上。

❸ 南瓜胡萝卜去皮切1cm 左右的厚片。蒜头拍碎剥去皮，生姜切片，蒜切段。

❹ 塔吉锅洗净烧热，加进 1 大勺食用油润锅，然后下蒜头和姜片、蒜段，爆出香味。

❺ 再依次加进南瓜和胡萝卜拌匀。

❻ 把腌制好的鸡翅膀整齐地摆放在上面，再淋上剩下的腌制料，盖上那高高的帽子似的锅盖，用中火煮5 ~ 6 分钟。

❼ 煮沸腾后，转小火继续煮 2 ~ 3 分钟，之后关火焖 2 ~ 3 分钟，再在鸡翅膀上撒上青蒜段焖半分钟即可。

💡 嘟妈制作心得

· 塔吉锅南瓜鸡翅真是无与伦比的美味呀！翅膀喷香酥嫩，南瓜酥软可口，连蒜头也超级香糯了！
· 仅用短短的十几分钟时间，荤菜和蔬菜就全部一锅搞定。塔吉锅做菜真是节能、健康又省心！

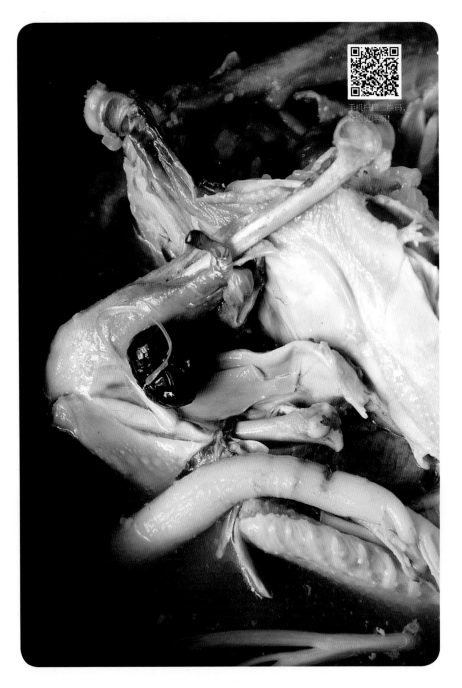

手机扫描二维码，
查阅更便捷！

"以热治热" 的滋补瘦身汤 **韩国参鸡汤**

韩国人讲求"以热治热"，因此越是高温酷暑三伏天，越要用热气腾腾的参鸡汤滋补元气，而我们中国人则喜欢秋冬进补。酷暑的天，人们流汗的同时也流失了体力，损耗了元气，是需要好好给家人补补身体了！

藏在鸡肚子里的糯米融合了鸡肉的清香，混合进红枣和栗子的甘甜滋味，再配合人参淡淡的清苦，整体味道自然和谐恰到好处。

材料

童子鸡 1 只（约 500g），参鸡汤料包 1 份（里面需要白参 2 根，红枣 6 颗，糯米 100g，板栗 4 颗），蒜头 3 瓣，正官庄的红参片 3 ~ 4 片（加了这个红参片药效更好）。

调料：盐、胡椒粉适量。

做法

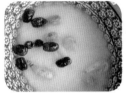  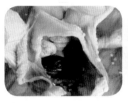 

① 汤料包中取所需要的量放大碗里，洗净，再浸泡几个小时。

② 红参片浸泡几个小时后切成小丁，放进浸泡好的糯米中一起拌匀。

③ 童子鸡清洗干净后，把拌了红参的糯米放进鸡肚子里，再依次放进蒜头 3 个，红枣 3 个，板栗 2 个，还有白参 1 根。

④ 最后用牙签把鸡肚子缝起来，2 只鸡腿也交叉用牙签扎好，放进塔吉锅里。

⑤ 锅里加进浸泡红参的水和红枣、白参等配料，再加满水浸没鸡。

⑥ 盖上盖用大火煮滚后转小火再炖 2 个小时左右，直炖到肉烂油出，香气满屋，最后撒盐和胡椒粉调味即可。

嘟妈制作心得

· 参鸡汤，是韩国料理的经典之一。韩国人特爱人参，擅长以人参入菜，是韩国美食烹饪的一大特色。

· 对于女性来说，食用参鸡汤好处多多，可以滋补、养生、美容、去燥，而且在补养的同时，又不必担心发胖。因为鸡肉的热量极低，参鸡汤的做法又较为天然，使得汤清无油，非常健康。

· 参鸡汤是极好的补药，做法也有讲究，烹制参鸡汤不能用成鸡，一定要用肉嫩油少的童子鸡或乌鸡。

手机扫描二维码，
介绍更详细！

冬令进补——御风寒滋身体的 **秘制羊肉煲**

寒冬腊月正是吃羊肉的最佳季节。在冬季，人体的阳气潜藏于体内，所以身体容易出现手足冰冷、气血循环不良的情况。按中医的说法，羊肉味甘而不腻，性温而不燥，具有补肾壮阳、暖中祛寒、温补气血、开胃健脾的功效。所以冬天吃羊肉，既能抵御风寒，又可滋补身体，实在是一举两得的美事。天气逐渐冷了，家里的羊肉煲也开始"咕咚咕咚"开煮了，瞧瞧我家的羊肉煲，这可是嘟妈精心秘制的哦！

材料

新鲜羊排骨 500g，生姜 1 块，葱几根，甘蔗头 1 节，白芷几个，八角桂皮少量，香叶几片，草果 1 个，辣椒几个。

调料：生抽 4 ~ 5 大勺，盐 1/2 小勺，老抽 2 大勺，黄酒 3 大勺，白糖 2 大勺。

做法

① 配料洗净，葱打结，姜切片，甘蔗切成小块。

② 羊肉焯水：将羊肉放进塔吉锅里，加满水，再加几片生姜，煮滚后倒去汤水，将羊肉冲洗干净。

③ 洗净的羊肉放进塔吉锅里，加水跟羊肉齐平，放进甘蔗块、葱结、姜片和其他香料。

④ 加入所有调料，盖上盖子用中火煮。

⑤ 煮滚后转小火炖 2 个小时左右，直到炖的羊肉喷香酥烂，再开盖用大火收干部分汤汁即可。

嘟妈制作心得

- 所谓秘制羊肉煲，在羊肉煲里加进甘蔗头就是秘密所在。卖甘蔗的地方被人丢弃的甘蔗头可去除羊肉膻味的法宝，有了它的加入，羊肉吃起来真的是一点膻味都没有。大家下次家里炖羊肉时，记得顺便带个甘蔗头回家哦！
- 如果没有过多的时间来慢火炖羊肉，也可用压力锅先压 30 分钟，再取出放进塔吉或砂锅炖 20 分钟收干汤汁，用压力锅炖羊肉还特别的酥软。

塔吉锅——绝妙锅巴的 煲仔饭

煲仔饭源自广东，是以砂锅作为器皿煮米饭，而广东称砂锅为煲仔，故称煲仔饭。

用塔吉锅做传统的煲仔饭真是又快又好，只要15分钟就可以完美做好一家人的一餐饭。

材料

荷兰豆适量，西兰花 1/2 个，长粒香米 1 碗，鸡蛋 1 个，酱肉 1 小块，香肠 2 根。

调料：食用油少量，生抽 2 大勺，蚝油 1 大勺，白糖少量。

做法

① 香米洗干净，预先浸泡 1 小时左右，荷兰豆撕去老筋，西兰花切小朵，酱肉和香肠切薄片。

② 所有调料放进小碗调匀待用。

③ 塔吉锅底擦上一点油。

④ 放进浸泡好的香米，再加入水，米和水的比例为 1：1.5。

⑤ 盖上锅盖，用中火煮。同时，西兰花和荷兰豆放入滚水中焯水待用。

⑥ 大米煮沸约 6 ~ 7 分钟后转中小火继续煮 2 ~ 3 分钟，直到米饭煮成黏稠状。

⑦ 放进香肠片和酱肉片，中间再打进一个鸡蛋，继续焖煮 3 ~ 4 分钟。

⑧ 等到米饭煮出"嗞嗞"的声音时，说明米饭已经熟了，关火再焖 1 ~ 2 分钟，然后加进焯过水的蔬菜，淋上碗里的调料汁就 OK 啦！

 嘟妈制作心得

· 器：陶瓷砂锅，做煲仔饭又快又好！较好地保存食物养分，特别馨香。

· 米：做煲仔饭一定要用泰国米或丝苗香米，外观晶莹剔透，口感柔美爽滑，滋味浓又易被汤汁浸烂。这种米做出来的饭才够香。

· 火：火力控制十分重要，要及时调校火力。要吃到美妙的锅巴，记得最后让米饭发出"嗞嗞"的声音时间长一点。也可以靠鼻子的嗅觉来识别米饭是否已经有锅巴了，总之要大家自己控制，千万别煮煳锅了！

· 料：煲仔饭的用料灵活多样，可应时应地更换家人喜欢吃的荤素菜。

5 分钟搞定——美味绝伦的 韩国烤肉

春天到了，突然想起吃烤肉啦！尤其看到韩剧里，男女主角大口大口往嘴巴里塞烤肉的场景。哎哟！口水要流出来啦！有天终于也熬不住了，宅在家做了韩国烤肉，那味道还真的可以用美味绝伦来形容呢！烤肉外酥里嫩，香味扑鼻，再用碧绿的生菜包裹，塞进嘴里，吃起来肥而不腻，酥嫩满嘴，好满足呀！

材料

切好的五花肉 1 盒，生菜。

腌制料：韩国大酱 1 小勺，韩国辣椒酱 1 小勺，熟白芝麻少量，生抽 1/2 勺，老抽 1/2 大勺，胡椒粉少量，五香粉少量，蜂蜜 1 勺，食用油 1 大勺，葱蒜少量。

做法

❶ 五花肉洗干净，用厨房纸巾吸干水分。

❷ 碗里放进肉片和所有腌制料腌制 2 小时以上。

❸ 牛排锅烧热，倒进少量油润锅。

❹ 放进五花肉，用中小火烤 2 ~ 3 分钟后，将肉翻面再烤 2 分钟，OK！

嘟妈制作心得

· 五花肉的挑选最好是超市里那种盒装切好的，没有的话买条五花肉，放入冰箱稍微冷冻后切成 1cm 厚度的片就可以了。

· 没牛排锅和烤肉盘，就用平底锅代替。

· 烤肉腌制料，各家可以根据家人的口味来调。

手机扫描二维码,
介绍更详细!

简单懒人美味——绝对惊艳的 香芹海鲜酱烤鸡

烤箱菜，在我眼里就是懒人菜。简单地腌制，然后放进烤箱里，出来的就是丰盛诱惑的大餐！瞧瞧我做的看似豪华的烤鸡，其实是非常简单的懒人菜！如果在烤网上垫张锡纸，那就连洗涮的步骤都省掉了！

材料

嫩鸡 1/2 只（约 250g），姜、蒜几个，香芹片适量。
调料：盐 1 大勺，海天海鲜酱 2 大勺，花椒粉、胡椒粉适量。

做法

❶ 鸡洗干净，用厨房纸巾吸干水分，里外抹上一勺盐，再抹上胡椒、花椒粉腌制 10 分钟。

❷ 姜、蒜切末，放到腌制的鸡身上，淋上 2 勺海鲜酱，再撒上香芹片一起混合涂抹。

❸ 把涂抹好调料的鸡包进保鲜袋里，放入冰箱冷藏一天以上。

❹ 把腌制好的鸡取出，放在铺了锡纸的烤网上，鸡肚子朝上，再把鸡腿骨头等小的部位用锡纸包起来，以防烤焦。

❺ 烤箱用 200℃预热，把烤网连鸡一起放进预热好的烤箱，上下火，中层烤 30 分钟。

❻ 30 分钟后，取出鸡，倒掉鸡肚子里烤出的鸡汤肥油，翻面，抹上一层蜂蜜，继续进烤箱烤制 15 分钟左右，直到鸡身烤出大量的鸡油，就可以了。

嘟妈制作心得

· 腌制鸡的时候，建议把鸡放进保鲜袋里腌制，这样能让鸡和调料充分结合，促进吸收，让鸡肉更加入味。
· 鸡腿骨头等小的部位要用锡纸包起来，以防烤焦！
· 刷蜂蜜是为了烤鸡色泽看起来更加漂亮，味也更鲜美。

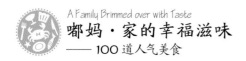

5 分钟快手菜 辣白菜花蛤

辣白菜花蛤，充满韩味的一款菜。把酸辣的辣白菜和鲜美的小海鲜花蛤组合在一起，成品酸辣鲜美，堪称夏日的米饭杀手菜！

在炎炎夏日喝冰啤酒的时候，配上这个酸辣鲜美的辣白菜花蛤是不是也很享受呢？

材料

花蛤 400g，韩式辣白菜叶子 1 张，辣白菜汤半碗，葱、姜、蒜少量。
调料: 食用油适量，黄酒 1 大勺，盐 1/2 勺。

做法

❶ 锅里放生姜丝加水煮开。

❷ 花蛤放进滚水锅里焯水，待大部分花蛤张开时，及时捞出沥水待用。

❸ 花蛤焯水的时候，辣白菜切成小碎，葱、蒜切成末。

❹ 起油锅，依次炒香葱、蒜和辣白菜。

❺ 再加进半碗辣白菜汤、1 大勺黄酒和 1/2 勺盐。

❻ 待汤煮到黏稠状时，倒进花蛤拌匀，出锅前撒上葱花就可以了。

嘟妈制作心得

· 在市场买回花蛤，记得问卖花蛤的摊主要一袋养花蛤的盐水，回家把花蛤再放入这盐水里养一段时间，让它彻底吐出泥沙再烧炒。
· 花蛤焯水注意别把花蛤煮老了，不然影响口感。
· 辣白菜做法见本书第 84 页。

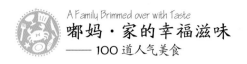

补充能量的季节——喷香的 黑椒香草羊排

　　我家的阳台养了好几种香草，有罗勒、紫苏、薄荷，还有迷迭香……香草真是个好东西，站在窗前，用手轻轻一碰，就会散发出令人心旷神怡的香气，让人心情愉快。

　　香草的叶子用来泡茶，茶的味道也就顿时变得清香无比。香草诱人的芳香，把它们应用于烹饪，不但丰富饮食滋味，可以增加食欲，而且还具有一定的食疗作用。

材料

羊肋排几条，迷迭香几支，胡萝卜、青椒、香菇等各种菌菇和洋葱。
调料：食用油、盐、黑胡椒碎、葡萄酒适量。

做法

❶ 羊排中间剁开成 2 段。

❷ 羊排加入切碎的迷迭香、黑胡椒碎、少量盐和食用油，搅拌均匀，腌制 2 小时。

❸ 羊排腌制的时候，配料洗净、切好。

❹ 平底锅起油锅，先后下各种蔬菜炒香炒熟，再加进 1 小勺盐和少量黑胡椒碎，盛出待用。

❺ 将腌制好的羊排放进平底锅煎到两面金黄。

❻ 再把煎黄的羊排移到铺好锡纸的烤盘里，放进预热好 200℃的烤箱烤 30 分钟左右即可。

❼ 最后做羊排调料汁：油锅炒香洋葱碎，加进烤羊排烤出的汤汁、少量葡萄酒、水，一起煮滚，最后加盐调味，浇在烤好的羊排上即可！

嘟妈制作心得

· 在秋风萧萧的季节里，需要给身体补充能量了！吃羊排正是好时候！
· 迷迭香是去腥去膻的杀手香料，在烤制食物前腌肉的时候放上一些，烤出来的肉就会特别的香。
· 迷迭香如果自家没有种植的话，一般外资超市都能买到新鲜的，或去超市买迷迭香粉也可以。

手机扫描二维码，
介绍更详细！

无法抵挡的土豆诱惑 香烤芝士小土豆

　　春天，新土豆上市的季节，做一道香烤芝士小土豆。这道菜充满混搭色彩，小土豆很美味，口感香糯又绵软，看起来也充满了小资情调！

　　蚕豆也是这季最热门的食材，土豆加上蚕豆的点缀，不仅丰富了口感，菜色也漂亮了不少。

材料

小土豆3个，蚕豆1把，洋葱1个，培根2条，
调料：黄油1小块，芝士粉、豆蔻粉少量，盐1小勺。

做法

① 土豆去皮切片，洋葱切丝，培根切小块。

② 平底锅烧热，加进黄油溶化。

③ 放进洋葱炒香，再下培根烤香。

④ 最后加进土豆翻炒。

⑤ 等土豆炒到半透明（差不多五成熟）时，加进蚕豆，用中小火彻底炒熟土豆和蚕豆。

⑥ 最后撒上1小勺盐、少许的豆蔻粉和芝士粉，拌匀即可！

嘟妈制作心得

· 没有豆蔻粉可以用胡椒粉或其他你喜欢的调料代替。
· 土豆片要切得尽量薄一点，能缩短烤制的时间。
· 烤土豆要用中小火慢慢烤，要不很容易糊锅。最后成品只要稍微带点焦黄的色彩就可以了。

鲜辣爽口又开胃 韩国冷面

韩国冷面也叫朝鲜冷面，是韩国传统美食之一。

韩国冷面必不可少的三种要素：荞麦面、各种高汤、泡菜，再配一些自己喜欢的时令蔬菜，一碗地道、好吃的冷面就 OK 啦！

韩国冷面在韩剧里出镜率非常高，它看起来色彩艳丽，让人赏心悦目，吃起来更是柔软筋道，凉爽鲜美……

尤其是在盛夏，凉凉的吃上一碗面，那真是爽到心窝里了！

材料

荞麦面 1 ~ 2 捆，牛腱子肉 1 大块，鸡蛋 2 个，番茄、香菜少量，黄瓜 2 根，泡菜少量。

调料：盐、芥末、醋适量。

做法

① 先炖牛肉，牛肉焯水后加入各种炖肉香料和足够多的水，再加适量的盐，用压力锅炖 20 分钟。

② 炖好的牛肉连同汤水一起放凉，再放入冰箱冷藏待用。

③ 用深汤锅煮水，待水滚后下荞麦面，再次煮滚后，熄火，盖上盖子焖 5 分钟。

④ 开锅捞出荞麦面放入加冰块的凉开水中，等荞麦面凉透后再捞出沥水待用。

⑤ 鸡蛋事先煮熟，番茄切片，香菜切段，黄瓜切段，取出冷藏的熟牛肉切薄片。

⑥ 冷面放进碗里，再铺上各种配菜，中间放个鸡蛋花，淋上卤牛肉汤后再放点芥末、醋就可以开吃了！

嘟妈制作心得

煮好弹滑爽口的荞麦面的关键环节：

· 煮面条的水必须多，水是面条的 2 ~ 3 倍，这样面条有伸展的空间，而不至相互黏结。

· 水要开，水未开下面条，会使面条的口感减低，成为糊状的烂面，清爽度就不足了。

· 水煮滚后，加入荞麦面再次煮滚时，立刻关火，用余温焖 5 分钟，这样煮出来的面条口感最好。

酸甜开胃洋美食 番茄大虾蛤蜊意粉

意大利面又名意粉。意大利面用的面粉和我们中国做面用的面粉不同，它用的是一种"杜兰小麦"，具有高密度、高蛋白质、高筋度等特点，用其制成的意大利面通体呈黄色，耐煮、口感好。意粉的形状也众多，除了普通的直身粉外还有螺丝形的、弯管形的、蝴蝶形的、贝壳形的，林林总总数百种。除此之外，拌意大利面的酱料比较重要，是成就美食的重要调料。

材料

意粉 1 包（用 1/2 包，一家三口份），明虾 250g，花蛤 200g，杏鲍菇 2 个，番茄 3 个，洋葱 1 个，蒜头 1 个，罗勒几支。
调料：橄榄油、黄油、盐、白胡椒粉、番茄酱适量。

做法

❶ 明虾去头时连同拉去肠泥，再剥去虾壳，只留下一截尾巴。

❷ 给虾开背，放进小碗里加盐和胡椒粉腌制片刻待用。

❸ 锅里加足水煮滚，放进 1 小勺盐和少量橄榄油，放进意面煮 8 分钟左右。

❹ 煮到意面断生时捞出，意面过筛网沥水，加进少量橄榄油拌匀。

❺ 洋葱、罗勒切碎，杏鲍菇切丁，蒜切末，番茄去皮切丁，花蛤洗净待用。

❻ 不粘锅里放少量黄油和橄榄油烧热，先下洋葱和蒜末炒香。

❼ 再加入杏鲍菇，炒软后加进蛤蜊、番茄、虾肉、番茄酱，一起煮滚。

❽ 最后加入罗勒、意面，撒上胡椒粉和盐拌匀后即可。

嘟妈制作心得

· 要煮出软硬适中又有韧度的美味意大利面，首先锅子的选择就非常重要。以面条投入锅中时水可以完全没过面条的深型锅子最好。
· 煮面的时候必须等水完全煮沸才能将面条投入，面要呈扇形投入锅内，并在水中加入一小匙盐及橄榄油。
· 面条煮熟后不要用冷水冲凉，否则会影响面条的 Q 感。沥干水分后用少许橄榄油拌匀，以防止面条粘连。

手机扫描二维码，
介绍更详细！

韩剧诱惑你的胃 韩国辣白菜

　　韩剧中毒的后遗症——家里餐桌上的菜也跟着韩食化了！大酱汤、泡菜饼、泡菜饭、烤肉……自然也很想做韩国辣白菜了！

　　自己做的辣白菜，清香酸辣又爽口！还不用担心吃了多余的添加剂，绝对的新鲜健康！从此不爱吃辣的嘟妈也迷上了韩国辣白菜了！

材料

大白菜 1 棵（约 1500g），白萝卜 1/2 个（约 300g），韭菜 1 小把，苹果 1/2 个，梨 1/2 个，姜 1 小块，蒜 1 个，小虾米 1 小把。
调料：辣椒面 1 碗（约 50g），鱼露半碗（超市买），白糖 2 大勺，盐适量，糯米粉 50g。

做法

① 大白菜一分为四，冲洗干净。

② 在每一片叶子上薄薄地抹上一层盐，放在大碗里压上重物腌制 8 小时。

③ 腌制好的白菜挤去水分，再在凉开水中漂洗干净，挤干水分待用。

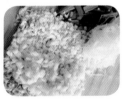

④ 苹果和梨去皮切成末，白萝卜也去皮刨成细丝，韭菜切小段，蒜头、生姜和小虾皮也切泥。

⑤ 大碗里放入切好的所有材料，再加入所有调料（除糯米粉外）一起搅拌均匀。

⑥ 将糯米粉用 400g 左右的冷水化开，在锅里煮成糊状。

⑦ 糯米糊放凉后加进步骤 5 的拌料中拌匀，辣白菜的酱料就做好了。

⑧ 最后将辣白菜酱料一层层涂抹在白菜叶子上，放进保鲜盒，常温发酵一天，再放进冰箱发酵 5 ~ 7 天就可以享用那爽口的下饭美味了！

嘟妈制作心得

· 腌制大白菜的盐不要抹太多哦，要不成品会很咸的。
· 韭菜有增加香味和促进发酵的作用，不能少。
· 虾皮是用来代替虾酱的，也可以直接用虾酱。
· 糯米粉糊的作用是让辣酱能挂在白菜上，起黏稠和发酵作用。
· 鱼露真是神奇的东西，单独使用的时候感觉很腥气，但一加进辣白菜里就变得非常清香了。

第三部分
诱惑宝贝菜
Attractive Food for Babies

诱惑宝贝菜

ATTRACTIVE FOOD FOR BABIES

宝贝今天吃什么？宝宝饮食是妈妈们最上心头的一件事情了！对于正在长身体的宝宝来说，妈妈们每天为宝贝准备科学的饮食很有必要。但往往有很多宝宝不好好吃饭，对饭菜挑三拣四或者干脆不吃，营养跟不上就会影响到孩子的生长发育，这是很让妈妈操心的一件事。那么，有什么办法让宝宝爱上吃饭呢？

这里为 3 ~ 10 岁的宝宝们精心准备了三部分的诱惑宝贝菜

1 漂亮、营养的菜：

孩子吃饭首先要有新奇感，普通的饭菜，但是妈妈做了特别漂亮的造型，孩子吃饭的食欲就会马上大增。这里分享了一些我家嘟宝爱吃的菜，有豆制品、蛋类、肉类、禽类、水产类，还有饭菜套餐组合，都是我家嘟宝平时爱吃的"漂亮"饭菜。制作荤菜时，尽量做到"荤素搭配"，既有利于食物中钙、铁、镁、磷等营养元素被人体吸收，又可让宝宝多吃一些蔬菜，一举两得。

2 诱惑的羹：

菜上齐了，汤也不能缺！把妈妈满满的爱意融入鲜香的汤水中，看着宝宝喝得甜美又滋润，对妈妈来说，是一种幸福的享受，再多的辛苦和劳累都会化为乌有。喝汤不仅有利于健康，更有利于补充人体营养，且易被机体所吸收。给宝宝喝些汤，不仅能调节口味，有助消化，增强食欲，还能适当补充体液，对健康十分有益。

3 健康的小零食：

没有孩子能拒绝美味的零食，妈妈自己做的零食可以让宝贝吃得健康，吃得放心！学几款自制美味的小零食，让你家宝贝更加爱你哦！

诱惑宝贝菜，从营养上满足孩子的生长需求，造型上吸引孩子的兴趣，色彩上留住孩子的目光，让你家宝贝从此爱上吃饭，每天期待妈妈的饭菜。相信在你的精心呵护下，宝宝一定能够健康、快乐成长！

满足多重营养的美味 **草菇鸡蛋海绵豆腐**

豆腐是平常人家经常食用的普通食材，这里要给豆腐换个新鲜的吃法，就是在烹制豆腐前，先让豆腐变身为海绵豆腐！所谓的海绵豆腐就是平常我们说的冻豆腐。把冻好的豆腐解冻，再挤去水分，豆腐就变得跟海绵一样，里面充满小孔并富有弹性……

材料

冻好的豆腐1块，鸡蛋1个，葱、蒜、红椒少量，蒜头几个，草菇和杏鲍菇适量。

调料：食用油3大勺，盐1小勺，白糖少量，麻油1/2大勺，胡椒粉少量，生粉1小勺，凉开水半碗。

做法

❶ 各种配料洗净，切块、切段。

❷ 冻豆腐解冻后切成小块，挤去水分，再切成薄片。

❸ 调一碗料汁：洋葱和小葱放进小碗里，再加入所有调料（除食用油外）拌匀。

❹ 鸡蛋打散，把切好的冻豆腐片放进蛋液里，充分吸饱蛋液。

❺ 油锅烧热，放进吸满蛋液的豆腐，煎到两面金黄盛出待用。

❻ 锅里留少量的油，炒香蒜片，再加进草菇和杏鲍菇炒到表面金黄收缩。

❼ 加入煎好的鸡蛋豆腐片、红椒和葱段，稍微翻炒。

❽ 再加进调好的料汁，稍微焖煮片刻，拌匀即可出锅了！

嘟妈制作心得

· 海绵豆腐的制作：豆腐放进保鲜盒里，再加满水，盖上盖子放在冰箱里冷冻一个晚上，第二天从冰箱里取出，用微波炉解冻或自然解冻，挤去水分就是海绵豆腐了！

· 海绵豆腐吃上去口感很有层次。适合放在汤里煮，因为海绵豆腐里的蜂窝组织能吸收很多汤汁，所以海绵豆腐适合做火锅或者油炸后熘冻豆腐。

· 做这款菜时，建议料汁可以配多点，焖煮时间长点，让豆腐多多地吸收汤汁，煮出来的豆腐就更加入味！

· 让豆腐与鸡蛋组合，可以提高人体对豆腐中蛋白质的吸收利用率，再配上各种菌菇，绝对的多重鲜香、营养美味！非常适合小朋友食用。

如同太阳照耀般明亮的 照烧鸡腿串饭

照烧汁源自日本，味道醇厚，色泽鲜亮，光感极好，如太阳照耀般明亮，故名照烧汁。

照烧汁的做法有上千种，一般用酱油、味淋和白糖组成，味淋我们中国家庭不常用，在这里就用米酒代替，用酱油、米酒和白糖作为简单的家庭版照烧汁，味道也很不错。

材料

琵琶鸡腿 2 个，红、黄、绿彩椒各用 1/2 个，竹签几根。
照烧汁调料：生抽 6 大勺，米酒 6 大勺，白糖 2 大勺。

做法

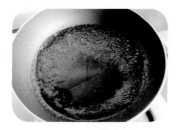

① 照烧汁调料放进锅里拌匀，再煮到浓稠，盛出待用。

② 鸡腿用剪刀和刀去除骨头，用刀背拍松鸡腿肉，切成 2cm 左右宽的小块。

③ 切好的鸡腿肉用煮好的照烧汁腌制 1 小时。

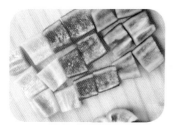

④ 处理彩椒：每 1/2 个彩椒都切成 6 小块。

⑤ 烤箱 180℃ 预热。把彩椒和腌制好的鸡肉用竹签交替串起来，排放在铺了锡纸的烤网上。

⑥ 烤网放进烤箱烤制 8 分钟，取出把肉串翻面刷上剩余的照烧汁，继续烤 8 分钟即可。

 嘟妈制作心得

· 这是一个非常简单又可口的时尚午餐，鲜艳的食材，新奇的照烧调料，还有懒人的烤箱做法，都非常值得一试。

· 做烤鸡肉串的同时，可以用余下的鸡骨头做一锅汤，我用了鸡骨头、丝瓜和豆腐。

· 彩椒还可以用其他应季的蔬菜代替。

· 味淋如果没有，可以用米酒代替，但米酒一定要选味道醇正的，要不做出来的就不是照烧鸡腿了！

手机扫描二维码、
介绍更详细！

鲜美又清香的 紫苏炒河虾

　　这道只要 3 分钟的快手菜，非常适合朝九晚五的上班族！下班的时候顺便买点河虾，然后 3 分钟搞定一碗鲜美的下饭菜！忙碌的生活中最需要的就是那些简单又美味的快手菜！虽说是快手菜，但味道和营养一点也不差，加进了紫苏的河虾显得特别清香鲜美，连孩子也超级喜欢吃呢！

材料

带籽小河虾 300g，紫苏叶子十几张，干辣椒 2 个，生姜 1 块。
调料：食用油适量，盐 1 小勺，黄酒 1 大勺，白胡椒粉适量。

做法

❶ 河虾清洗干净，生姜和辣椒切丝，紫苏叶子切片。

❷ 起油锅炒香姜丝。

❸ 放入河虾翻炒，河虾全变红后再多炒一会儿。

❹ 加入紫苏和红辣椒一起炒，加入黄酒 1 大勺，盐 1 小勺，水少量，滚起后加入白胡椒粉拌匀即可出锅了！

 嘟妈制作心得

· 关于河虾：
　春夏交替的时节，是河虾大量上市的季节，也正是河虾带籽的时刻。烧熟的河虾，虾脑里还有红红的膏，肉质细腻鲜美，还不带一丁点腥气。
· 关于紫苏：
　紫苏是一种含特殊功效的香草，用它来炒河虾不仅提香，风味独特，而且紫苏还能散寒解表，对流感病毒有抑制作用。

手机扫描二维码,
介绍更详细!

一年之计在于春 春色满盘

这是个春天的菜，有着犹如春天景色般的美丽和美味！把春天的鲜美食材，春笋、野菜、碧绿的蚕豆等组合在一起，再配上花朵般的火腿肠，一款春意盎然的美食就做好啦！

材料

马兰头1把，鲜嫩的春笋2棵，蚕豆少量，胡萝卜1根，蒜头2瓣，迷你小火腿肠1包。
调料：食用油、盐、白糖适量。

做法

❶ 蚕豆去皮洗干净，马兰头洗干净切小段。春笋、胡萝卜、蒜头切片。

❷ 火腿肠一端切3刀，成"＊"形。

❸ 加热平底锅，下火腿肠干烤几分钟，直到火腿肠微焦黄，切口张开似花朵。

❹ 起油锅，下蒜片炒香。

❺ 再加入胡萝卜片和春笋片翻炒。

❻ 倒入蚕豆一起翻炒。

❼ 炒到蚕豆变绿，差不多8分熟时，加进马兰头一起炒软。

❽ 最后加少量水，煮滚后，加一小勺盐和少量白糖调味出锅，装盘时放进做好的火腿花朵就完成了！

💡 嘟妈制作心得

· 火腿肠切"＊"形时，注意不要把火腿肠切断，只切到火腿肠的2/3处就可以了。

· 这是一款博取眼球的菜，花朵般的火腿肠让这个菜看起来赏心悦目。

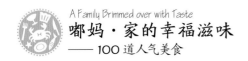

手机扫描二维码，
介绍更详细！

5 分钟的美味——营养鲜美的 **鹌鹑蛋酿豆腐**

简单的食材，低廉的成本，经过一番巧妙的烹制就变成了营养丰富又鲜美诱人的创意菜！而且还是能在5分钟内就完成的美味！

材料

老豆腐1块，鹌鹑蛋8个，葱少量，红椒1块。
调料：食用油少量，生抽2大勺，白糖1大勺。

做法

① 老豆腐切成厚度约1.5cm的片块。

② 用花朵果蔬切花器在中间挖出一朵花。

③ 加热平底锅，倒入少量油，放进豆腐块。

④ 把鹌鹑蛋磕开倒进豆腐中间的花朵盒子里，再把挖出来的花朵也一起放进锅里。

⑤ 把豆腐煎到两面金黄，再往锅里加进2大勺生抽、1大勺白糖、半碗水，一起煮滚到汤汁黏稠，撒上葱花和红椒粒就可以了！

 嘟妈制作心得

· 花朵果蔬切花器是这个菜的亮点，简单的一步刻花，就让菜肴增色不少！

手机扫描二维码，
介绍更详细！

让孩子们百吃不厌超级无敌的 叉烧排骨

我们家嘟宝超级喜欢吃的菜——叉烧排骨，不管我做多少次，从来都不会吃腻，而且每次都吃得不亦乐乎！家有烤箱的妈妈们一定要去尝试下这个叉烧排骨，用超级简单的材料，超级懒人的做法，却能做出超级无敌的美味！

材料

猪肋排骨若干根。
调料：食用油、李锦记叉烧酱适量。

做法

① 将排骨冲洗干净，用厨房纸巾吸干水分。

② 把排骨放进保鲜袋子里，再挖3大勺叉烧酱倒在排骨上，隔着袋子把排骨和叉烧酱拌匀。

③ 拌匀的排骨连同袋子放进冰箱里冷藏腌制一天。

④ 烤网上铺好锡纸，铺上腌制好的排骨，再在排骨上刷上一层食用油。

⑤ 排骨放进220℃预热好的烤箱中层，用上下火烤30分钟。

⑥ 取出排骨翻面，再刷上腌制料和食用油，再烤制15分钟左右，看到排骨表面叉烧色浓，微微泛焦即可。

嘟妈制作心得

· 排骨要选购猪的肋排骨，肋排是猪胸腔的片状排骨，肉层比较薄，肉质较瘦，口感较嫩，非常适合用来做烤排骨。
· 肋骨要尽量选择粗细均匀的一起烤，以免各块排骨烘烤焦嫩不均匀。
· 各家烤箱不同，烤制时间也要适当调整，具体以把排骨烤得喷香熟透，用筷子能轻轻戳进肉层为好。

手机扫描二维码，
介绍更详细！

浓香扑鼻扫饭菜 **金不换三杯鸡翅**

金不换三杯鸡是宝岛台湾赫赫有名的家常菜，因其烹调时使用一杯米酒、一杯酱油和一杯香油而得名。当然，金不换（九层塔）在这道菜中也起到画龙点睛的功效！

材料

鸡翅8个，金不换1把，生姜1块，蒜头1个，朝天干辣椒几个。
调料：米酒1杯，生抽3大勺，老抽1大勺，白糖1大勺，香油1杯。

做法

① 准备好调料，鸡翅切块，生姜切片，蒜剥皮，金不换摘下叶子，嫩茎切成段。

② 烧热平底锅，倒进香油，炒香姜蒜，再下鸡翅煸炒。

③ 鸡翅煎到两面金黄，下干辣椒和所有调料，大火烧沸后加盖，转小火慢慢焖煮10分钟左右。

④ 其间揭开盖搅拌一次，使鸡块均匀入味，待汤汁即将收干时将金不换放入锅中翻炒数下即可出锅。

嘟妈制作心得

· 成品香气四溢，浓香扑鼻。
  三杯鸡的精髓在于全程无水烹饪，一杯油，一杯酱油，一杯酒，一把金不换，成就了这道经典美食的绝妙口感，用它来做下饭菜，绝对扫光家里的米饭！

· 关于罗勒：
  金不换学名罗勒，也被称为九层塔，是一种有着甜美清香的香草植物。家有阳台的都可以种植。

手机扫描二维码，
介绍更详细！

宝贝夏日花样菜——花儿般的 **鲜虾肉末鹌鹑蛋盅**

　　夏日很多时候，宝宝吃饭会变得没有胃口，妈妈该如何让宝宝们开胃呢？这里介绍一款专为宝贝开胃的夏日花样菜，鲜美的大虾＋新鲜的肉糜，再与鹌鹑蛋组合在一起，打造出花儿般的鲜虾肉末鹌鹑蛋盅，这样漂亮又鲜美的组合，没有宝贝会拒绝吃饭了！

材料

明虾几只，猪肉末 1 小碗，鹌鹑蛋几个，葱少量。
调料：盐，胡椒粉，酱油。

做法

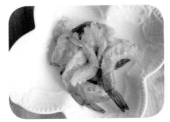

❶ 明虾去头连带拉去沙肠，剥去外壳，留一节尾巴，加盐和少量胡椒粉腌制片刻。

❷ 猪肉末加美极鲜酱油和小葱调味拌匀。

❸ 取几个布丁小碗，大虾尾巴朝上铺在碗底。

❹ 再铺上一勺肉末。

❺ 肉末中间挖个洞，打进一个鹌鹑蛋。

❻ 滚水上锅，隔水蒸 8 分钟左右取出，淋上美极鲜酱油，撒上葱花就可以了！

 嘟妈制作心得

· 这道菜做法简单，只是在造型上花了点心思，就让菜变得美丽、惊艳，增加了宝贝们的食欲！

香甜软糯又细腻——贝贝南瓜羹

逛超市的时候，发现了一种迷你的小南瓜——贝贝南瓜！

贝贝南瓜真是小巧可爱呀！颜色有黄的、绿的，我这次买到的是黄色的，口感非常细腻，非常适合小朋友食用哦！

材料

贝贝小南瓜 3 个，糯米粉 2 大勺。
调料：白糖 2 大勺，糖桂花少许。

做法

① 将贝贝南瓜洗干净，切出一个盖子，挖出南瓜子，洗净。

② 南瓜放碗里，滚水上锅，隔水蒸 15 ~ 20 分钟。

③ 蒸南瓜的时候，准备糯米粉一小碗，加进半碗水，搅拌均匀成一碗糯米粉水待用。

④ 取出蒸好的南瓜，用勺子挖出南瓜肉。

⑤ 把南瓜肉放进小锅，再加进一碗水和 2 大勺白糖搅拌。

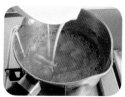

⑥ 煮滚后倒进糯米粉水，边倒边搅拌，再次煮滚南瓜泥。

⑦ 做好的南瓜羹倒进挖空的南瓜碗里，上面撒上糖桂花，香甜软糯又细腻的南瓜羹就完工了！

嘟妈制作心得

· 挖出的南瓜泥，用搅拌机搅拌下，口感会更细腻。
· 挖南瓜泥的时候手势要轻，别把可爱的南瓜容器给挖坏了。
· 白糖的量根据自己的口味来调节。

手机扫描二维码,
介绍更详细!

春天的鲜美滋味——五彩缤纷的 宝宝蒸蛋羹

　　蒸蛋羹，做法简单又营养鲜美，是绝大多数妈妈们喜欢为宝宝准备的营养辅食之一。

　　春天河虾大量上市，可以给宝宝做一个有着春天般缤纷色彩的蒸蛋羹：有红色的鲜美的小河虾，有碧绿的西兰花，有营养的胡萝卜，还有健康的金黄色的本鸡蛋……

材料

本鸡蛋 1 个，河虾 10 只左右，胡萝卜 1 小个，西兰花 1 小朵，葱少量。
调料：食用油、盐、黄酒适量。

做法

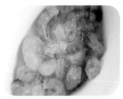
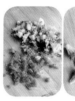

❶ 河虾去壳加少量盐和黄酒腌制一会儿。

❷ 西兰花和胡萝卜切成末，再留几个胡萝卜片切成小花，留几小朵西兰花和一只完整的河虾。

❸ 鸡蛋加 1/2 小勺盐打散，加入蔬菜末，再加入半碗水，蛋液和水的比例差不多 1：2 左右。

❹ 撇去蛋液上的泡泡，包上耐高温的保鲜膜，滚水上锅隔水蒸 5 分钟。

❺ 5 分钟后打开锅盖加入河虾肉和胡萝卜花等配料，继续包上保鲜膜蒸 5 分钟即可。

 嘟妈制作心得

· 要做好鲜嫩的水蒸蛋，蛋和水的比例很重要，一般蛋和水的比例以 1：2 为佳，蒸出来的水蒸蛋口感最好。
· 鸡蛋加盐打散，可以避免底部出现沉淀。
· 蛋液中添加温水可以让盐彻底溶化，使蛋液融合得更均匀。
· 打鸡蛋出现的泡泡要撇去，可以让蒸好的蛋羹表面看起来光滑。
· 蒸的时候给鸡蛋液加盖，或包上耐高温的保鲜膜，避免水汽进入碗里，影响蛋面平整度。
· 蒸蛋要滚水上锅蒸，全程差不多 10 分钟左右，避免把蛋液蒸老蒸空。

手机扫描二维码，
介绍更详细！

鲜掉眉毛的 松茸蒸蛋羹

　　松茸蒸蛋羹，靠近一闻，松茸特有的气味扑鼻而来，再挖一勺带松茸的蛋羹放进嘴里，哇，鲜美的口感如同吃鲍鱼哈！

　　最简单的烹饪方法——蒸，才能最大限度地保存食材的原汁原味，而当鲜美无比的松茸和普通的蛋羹结合在一起，这蛋羹也顿时变得高档和尊贵了哈！

材料

鸭蛋或鸡蛋1个，冻干松茸几片，迷你野生黑木耳1小撮。
调料：盐、李锦记蒸鱼豉油适量。

做法

① 黑木耳泡发，冻干松茸放入净水中泡发。

② 泡发好的黑木耳和松茸切碎。

③ 鸭蛋加一小勺盐打散，再把浸泡过松茸的水冲进蛋液里再打匀。

④ 把黑木耳碎分别放进2个蒸碗里。

⑤ 将拌匀的蛋液倒进蒸碗里，用勺子撇去浮沫。

⑥ 盖上盖子放进蒸锅蒸8分钟。

⑦ 8分钟后，在凝固的蛋液上加上切好的松茸条和几朵黑木耳，盖上盖子再蒸3分钟左右。

⑧ 最后，在蛋羹上淋上李锦记蒸鱼豉油，撒上香菜点缀。

关于松茸：
　　松茸是一种纯天然的珍稀名贵食用菌，被誉为"菌中之王"。
　　松茸菌肉肥厚，具有香气，味道鲜美，并营养丰富，实为天然滋补品。

孩子们喜欢的小零食——自制健康美味 猪肉脯

　　我们家嘟宝和嘟爸都很爱吃肉制品的小零食，但喷香鲜美的小零食的背后总有这样那样的食品添加剂，食品添加剂毕竟不是食品的天然成分，吃多了不太好。所以就自己动手做美味健康的猪肉脯。

📷 材料

猪后腿全精肉泥 500g，白芝麻少量。
腌制料：鱼露 2 勺，盐 1/2 小勺，蚝油 1 大勺，黄酒 2 大勺，生抽 2 大勺，白糖 4 大勺，蜂蜜 2 大勺，黑胡椒碎或粉 1 小勺。
调料：食用油、蜂蜜适量。

📖 做法

❶ 猪肉泥中依次加进所有腌制料，一起混合后用筷子搅拌 5 分钟上劲。

❷ 取一张比烤网略大的锡纸放在案板上，正面刷上油（这个步骤千万别忘了，要不等会儿猪肉脯翻不了面）。

❸ 铺上 1/3 肉泥，先用勺子粗略的抹匀，再盖上一张保鲜膜，用擀面杖擀成 2mm 厚度的肉饼。

❹ 擀好了肉饼，揭去上面的保鲜膜，把锡纸和肉饼放在烤网上，进 185℃预热好的烤箱中层烘烤 10 分钟后取出，倒掉汤汁。

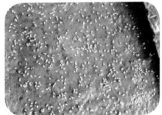

❺ 刷上一层蜂蜜，再撒上白芝麻，再进烤箱烤 10 分钟。

❻ 取出翻面后刷一层油，再烤 10 分钟，最后再翻面烤 5 分钟即可。

 嘟妈制作心得

· 烤好猪肉脯分割成小片，放凉后装进密封罐保存，建议一周内吃完。
· 调料可以根据各家口味调配，如果要成品光泽漂亮的，烤的时候刷点蜂蜜或油。
· 具体烘烤时间看各家烤箱的功率，一般 30 分钟左右即可。

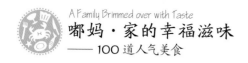

手机扫描二维码，
介绍更详细!

茶余饭后小零食 咖喱牛肉干

牛肉干源于蒙古铁骑的战粮，携带方便，且富有营养。鲜香多味的牛肉干很受人们的喜爱，更是孩子们喜欢吃的小零食！不过外面买的牛肉干价格都不菲，为了增加牛肉的口味，往往还会被添加各种食品添加剂，所以，想要给孩子们吃到最健康的牛肉干，我们家里自己做！

材料

牛腿肉 600g，姜葱适量。

调料：鱼露 30g，生抽 2 大勺，老抽 1 大勺，白糖 4 大勺，咖喱粉 2 大勺，辣椒粉 1 大勺，五香粉 1 大勺。

做法

1 将牛肉切成 0.5cm 厚度的片。

2 把牛肉放入水中浸泡出血水，再洗净。

3 锅中倒入适量水，加入洗净的牛肉片，加姜片、葱结和少量白酒一起煮，煮滚后撇去浮沫。

4 用小火煮约 30 分钟到肉片较酥烂。捞出肉片放进大碗里，加进所有调料拌匀。

5 将拌好的肉片倒入一个食品保鲜袋里扎紧，放进冰箱冷藏腌制 1 小时以上。

6 将腌制好的肉片及料汁一起倒入锅中，用小火翻炒，直到汤汁收干。

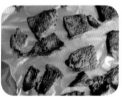

7 把肉片铺在铺了锡纸的烤网上，放进 130℃预热好的烤箱烘烤约 30 分钟。

8 最后将烤好的牛肉干置通风干燥处晾半天即可。

嘟妈制作心得

· 牛肉要事先浸泡出血水，大约浸泡 1 小时左右即可，这样做的牛肉干口感才好。

· 煮牛肉的时候，加入葱姜和白酒可以有效去除牛肉的膻腥味。

· 牛肉切片前，将牛肉放到冷冻室，冻一会更好切。切的纹路根据自己需求，逆纹切比较好咬，适合给老人孩子吃；顺纹切撕着吃方便，耐咀嚼，不易碎。

· 牛肉片腌制的时间要稍微长点，才能充分入味。

· 牛肉干的调料可以根据自己的口味选择，但鱼露在牛肉干中不可缺少。

孩子们的六一儿童节礼物——喷香酥脆的大薯棒

六一儿童节前夕，我收到了一份来自嘟宝的幸福礼物——一张彩色贺卡。

上面写着："祝妈妈长 ming 百岁，身体健 kang，总有一天我会给你世界上所有的幸福！"

这样乖巧可爱的嘟宝我太喜欢了，妈妈做份美味的点心犒劳你一下！

材料

蒸熟的土豆 1 碗，春卷皮 6 张，黄瓜半根。

调料：食用油、牛奶、黑胡椒适量，盐 1 小勺。

做法

❶ 春卷皮对半切开，再切掉边皮。

❷ 黄瓜刨去小刺，切成比春卷皮略长的条。

❸ 土豆放进保鲜袋里，用擀面杖压成泥。

❹ 取出土豆泥放碗里，加入 1 小勺盐，少量黑胡椒粉和牛奶，搅拌均匀。

❺ 取一张春卷皮，放进 1 勺土豆泥。

❻ 再放进一条黄瓜，卷起来，卷好所有的土豆棒。

❼ 锅烧热，放进少量油，油温至 7～8 成热，放进土豆棒，用中小火煎到全身金黄就可以了。

嘟妈制作心得

· 喷香酥脆又绵软清香的大薯棒，能彻底满足孩子们的胃口，尤其趁热吃味道更佳！

· 土豆泥调味可以根据自己的喜好来调整。

第四部分

果酱甜品
饮料

Homemade Jam, Desert
& Drink

果酱甜品饮料

HOMEMADE JAM, DESERT & DRINK

生活是丰富多彩的，美食也是如此！如果说一家的饭菜是满足生存的基本需要，那甜蜜的果酱、美味的冰淇淋、可口的饮料则是为了满足人们的口福之乐。甜蜜的滋味让人快乐！但市售的各种甜味糖果、糕点和饮料，因为各种原因，会带有一定的添加剂，给人们的身体带来健康隐患，所以自制甜品饮料才最放心。

家庭可以自制的健康美味：果酱、甜品和饮料

1 果酱：

果酱是把水果、糖及酸度调节剂混合后，用超过 100℃温度熬制而成的凝胶物质，也叫果子酱。制作果酱是长时间保存水果的一种方法。主要用来涂抹于面包或吐司上食用。不论是草莓、蓝莓、葡萄、玫瑰果等小型果实，还是李、橙、苹果、桃等大型果实，都可制成果酱。

自己在家熬制的果酱，无论是果实的挑选，还是甜度的掌控，妈妈们都可以很好地把好健康关。自己做的果酱 100% 的纯果肉，没有添加任何有害的添加剂、防腐剂，真正地吃得放心。(制作注意事项详见本书第 222 页)

2 甜品：

市场里那些琳琅满目、五颜六色、口味各异的"美味"的冰淇淋，总是能第一时间吸引孩子们的眼球，让他们雀跃品尝……但"美味"的背后，冰淇淋里富含的香精色素和大量的添加剂，总是让妈妈们望而却步，忧心忡忡，这"美味"的冰淇淋你真的忍心让孩子吃吗？

3 饮料：

饮料多滋多味，现代人都很喜欢喝，尤其是夏天，那冰爽甜蜜的味觉享受，更是让人难以抗拒。但市售的饮料添加剂众多，对身体健康带来隐患，所以，自己动手做放心的饮料吧！

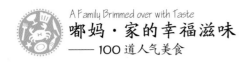

手机扫描二维码，
介绍更详细!

留住这一季的水果美味 枇杷果酱

118

　　春天是江南一带各种小水果大量上市的旺季，枇杷、李子、杏子、杨梅、桃子……争先恐后地结伴而来。

　　对于爱吃水果的人们来说，这无疑是个幸福的季节！如何保留这幸福的滋味呢？自己来做甜蜜的果酱吧，把这一季的水果保留到下一季回味如何呢？

材料

枇杷 3000g，柠檬 3 个，白糖 800g。
（一般家里制作一次，只需要 1000g 水果，柠檬和白糖可根据比例调整）

做法

❶ 将枇杷冲洗干净，去皮去核后分两部分。

❷ 大部分放进搅拌机加入白糖搅拌成枇杷泥。

❸ 余下的小部分枇杷肉切成末。

❹ 柠檬榨汁和枇杷肉末一起倒进枇杷泥里，搅拌匀后静放腌制。

❺ 腌制 3 小时后，开火熬制枇杷果酱，期间撇去浮沫，经常搅拌，直煮到果酱黏稠，熄火。

❻ 清洗果酱瓶：把洗好的果酱瓶放进大锅里加水煮沸，消毒 5 分钟，瓶盖也用滚水消毒几秒钟。

❼ 熬制好的果酱趁热装进果酱瓶里（这里所用的漏斗也要消毒处理）。

❽ 盖紧瓶盖倒扣瓶子放凉即可。

介绍更详细！

拒绝添加剂——给宝宝自制健康有机 番茄酱和糖番茄

番茄酸甜可口，营养丰富。据营养学家研究测定：每人每天食用 50 ～ 100 克鲜番茄，即可满足人体对几种维生素和矿物质的需要。

现在，人们一年四季都能在菜场买到番茄，但只有当季上市的番茄才真正让人吃得放心，吃得健康！我们家嘟宝很爱吃番茄酱，趁番茄自然成熟的季节，自己也做几瓶健康的有机番茄酱吧！

材料

有机番茄 10 个左右。
调料：盐 1 勺，白糖 1 勺，米醋 3 勺，蒜粉和五香粉少量。

做法

❶ 番茄洗净，放进滚水里浸泡片刻。

❷ 等番茄皮裂开时，捞出放凉，剥皮。

❸ 去皮的番茄去蒂，切成小块，放进搅拌机搅拌成番茄酱。

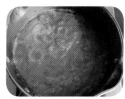

❹ 番茄酱倒入不锈钢锅里煮。

❺ 期间撇去浮沫，等煮到浓稠时加进调料再煮片刻就可以乘热装瓶了。

❻ 瓶子放入大锅中加水煮沸几分钟消毒，装进熬制好的番茄酱，密封放凉后存冰箱冷藏即可。

❶ 糖番茄的做法：把去皮切块的番茄直接加几勺白糖拌匀。

❷ 然后放进冰箱冷藏。糖番茄冰镇后的口感最佳！我家嘟宝最爱吃！

番茄去皮方法：

· 滚水烫皮法：有大量番茄需要剥皮的时候，在番茄顶上割个"十"字形，煮滚一锅水，把番茄放进滚水中烫 1 分钟捞出，就能轻松地剥去番茄皮了！

· 火烤法：把番茄夹住，放在炉灶上，用中小火转着番茄烘烤半分钟，不出几秒钟就会听到"啵"的一声，这是番茄皮裂开的声音，关火后就可以轻松给番茄剥皮了。

· 大家可以根据实际情况选择剥皮的方法，大量番茄需要去皮就滚水法；少量番茄去皮就直接在炉灶上烤，节能省时。

手机扫描二维码，
介绍更详细！

杨梅果酱

杨梅圆圆的，和桂圆一样大小，遍身生着小刺，等杨梅渐渐成熟，刺也渐渐软了，平了。摘一个放进嘴里，舌尖触到杨梅那平滑的刺时，立刻感受到细腻、柔软……

真是让人一想起就流口水的水果呀！

材料

杨梅 1000g，柠檬 1 个，白砂糖 350g。

做法

① 杨梅用淡盐水浸泡约20 分钟，再用清水冲洗干净，沥干水分。

② 杨梅用小刀去核切丁。

③ 杨梅肉放进搅拌机搅拌成杨梅酱。

④ 把杨梅酱倒进耐酸性的锅中，撒上所有白糖。

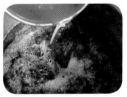

⑤ 再加入柠檬汁拌匀，腌制 1 小时。

⑥ 开中火煮开果酱，再用中小火熬煮，期间撇去浮沫并经常搅拌。

⑦ 熬煮约 40 分钟，煮到果酱黏稠，甜蜜的杨梅果酱就熬制好了！

⑧ 关火后，趁热装入消过毒的密封瓶子中，趁热倒扣，完全冷却后放入冰箱冷藏。

嘟妈制作心得

· 每年端午节的时候，杨梅就成熟了，这个时候人们可以尽情地享受杨梅的鲜美滋味。

· 杨梅一般新鲜吃，通常还被家庭做成杨梅酒，将杨梅浸泡在白酒中，夏天喝有消暑解腻、舒气爽神的功效。

· 用杨梅熬浓汤还可以治疗腹泻。

熬制春天的甜蜜滋味 草莓果酱

熟透的草莓成深红色，好像一颗红心似的，色泽油亮像玛瑙。一股淡淡的甜味，加上一股淡淡的香味。咬上一口，那可口的果汁就会舒服全身。这个春天，给孩子做一罐甜蜜的草莓果酱吧！

草莓富含果胶，所以不需要添加任何其他水果就能熬制出完美的果酱。

材料

草莓 600g，柠檬 1 个，白糖 200g。

做法

   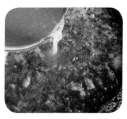

1 将草莓摘去叶托，用水冲洗干净，多冲几次后沥干水分。

2 撒入白糖，晃动容器，把白糖均匀包裹在草莓上。

3 取出压土豆的利器（没有利器用勺子等），把草莓压烂压成草莓汁。

4 然后挤柠檬汁进草莓汁中，拌匀腌制 4 小时以上。

5 把腌制好的果汁倒进不锈钢锅里，用中小火煮，煮滚后撇去浮沫。

6 转小火熬制 30～40 分钟即可，具体时间看果酱熬到黏稠状为止，熬制期间要常用木铲搅拌锅底，以防黏锅。

7 果酱稍放凉后趁热灌进用开水消过毒的玻璃瓶里，盖上盖子，等它自然冷却后即可放冰箱保存。

草莓酱诱人的色泽实在太美了！可以涂面包片或馒头，也可做草莓果酱茶，做蛋糕和饼干的夹心馅料，都是很不错的选择哦！

手机扫描二维码，
介绍更详细！

经典冰点皇后 香草冰淇淋

香草冰淇淋是风靡全球的冰点皇后。其高贵诱人的外形、难以描述的美味、无法抵挡的魅力，享誉天下。自制的香草冰淇淋，充满浓浓的香草芳香，搭配奶香纯正的淡奶油。细细滑滑，入口即化，香草味瞬间充满整个口腔，沁入鼻腔。哇，真的很好吃！

材料

香草豆荚 1/2 根，牛奶 160ml，蛋黄 2 个，砂糖 90g，淡奶油 200ml。

做法

❶ 香草豆荚切一半，再纵向切开，用小刀刮出香草籽。

❷ 牛奶和香草籽连同香草荚一起放进小锅里，煮到快要煮沸的状态（锅边冒小泡）。熄火盖上盖焖 5 分钟。

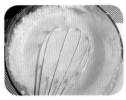

❸ 蛋黄放进小碗里，加砂糖用打蛋器打发到蛋黄颜色变浅。

❹ 多次少量的加入煮好的香草牛奶。

❺ 搅拌均匀再移到牛奶锅里，用小火煮到蛋糊黏稠状（接近煮沸的程度）。刮刀搅拌蛋糊后提起，用手指一划能划出一条痕迹就说明煮好了。

❻ 把煮好的蛋糊过滤进大碗里，底部加冰块让它冷却后再放入冰箱冷藏 3 ~ 4 小时。

❼ 冷藏好的蛋糊再加进淡奶油混合搅拌均匀。冰淇淋液就做好了。

❽ 开动冰淇淋机，倒进做好的冰淇淋液，20 分钟，冰淇淋液在冰淇淋机里慢慢膨胀成形，即可食用。

 嘟妈制作心得

· 做好的冰淇淋取出，就可以直接食用了，刚做好的冰淇淋很柔软，如要口感更好，就把冰淇淋放进保鲜盒里，再移到冰箱冷冻几个小时再食用，这个时候就能用勺子挖出漂亮的冰淇淋球了！

· 妈妈做的冰淇淋，给宝宝吃最放心了！自己做的冰淇淋口感味道都很好，就是很容易化，因为没有添加剂，大家快点动手享用吧！

手机扫描二维码，
介绍更详细！

两步拌出夏日冰品 蓝莓优格冰淇淋

　　酷暑来临的时候，杭州的地面气温都窜到 40～50℃，马路顿时变成了烧烤盘，家里不开空调就会变成热气腾腾的桑拿房。这个时候，各种自制的清凉冰品在家里超受欢迎！黑凉粉、西瓜汁、西米露、冰淇淋、冰柠檬茶……

材料

蓝莓 200g，淡奶油 120g，原味酸奶 120g，白砂糖 50g，柠檬半个。

做法

❶ 蓝莓洗净沥干。

❷ 蓝莓连同酸奶、白糖、柠檬汁一起放进搅拌机搅拌均匀，然后放入冰箱充分冷藏 2 小时。

❸ 冷藏后取出，加入淡奶油，混合均匀。

❹ 混合好的冰淇淋液倒进预冷好的冰淇淋机里，转动冰淇淋机。

❺ 20 分钟后，清香美味的蓝莓冰淇淋就做好了。

❻ 做好的冰淇淋放进保鲜盒再冷冻几个小时食用，口味更佳。

嘟妈制作心得

· 成品再撒上几颗蓝莓效果更加棒！
· 蓝莓优格冰淇淋做法超级简单吧！
　不用开火煮，简单两步搅拌就能制作出完美又健康的夏日冰品！
· 清香的蓝莓、酸奶与奶油的奇妙组合，给你舌尖带去无与伦比的甜品享受！

手机扫描二维码，
介绍更详细！

夏日的清凉扑面而来 五彩甜品船 + 花朵八卦

五彩缤纷的甜品船：

晶莹剔透的绿西米，乌黑发亮的黑凉粉，火红的西瓜，金黄的芒果，再撒上白糖或蜂蜜，用冰凉的椰子汁这么一淋。哇！夏日的清凉就这样扑面而来……

材料

仙草粉（黑凉粉）50g，绿西米 50g，西瓜、芒果适量。
调料：白糖、蜂蜜、椰子汁（事先冷藏）适量。

做法

❶ 黑凉粉 50g 放进汤锅里，先用 250g 左右的水溶化搅拌均匀。再冲进 1000g 的滚水。

❷ 用大火煮黑凉粉，边煮边搅拌到煮滚。关火后静置 5 分钟，捞去凉粉上的气泡浮沫，然后倒进大碗里或保鲜盒里，放凉后存入冰箱冷藏。

❸ 锅里加水煮沸，倒进绿西米，盖上盖子用中火煮 20 分钟。

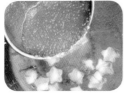

❹ 关火后加盖继续焖 10 分钟，再捞出西米放进冰水中泡凉。

❺ 将事先冷藏好的黑凉粉取出少量切成小块，再用花朵模具切几朵小花。西瓜和芒果也切丁、切花。

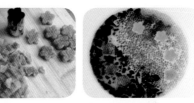

❻ 最后把上面所有准备好的材料装盘，加白糖或蜂蜜后淋上椰子汁即可享用！

💡 嘟妈制作心得

· 黑凉粉要提前一天先做好，给足够的时间凝固成冻。
· 家里制作的话一般白西米就可以了，不用刻意去买绿西米，感觉还是白西米口感更好。
· 让最后的成品更漂亮，小花朵果蔬切花器起了很大的作用。

手机扫描二维码,
介绍更详细!

两步自制养生美味 黄桃罐头

　　每年黄桃上市的季节，我们可以把新鲜的黄桃加工成酸甜可口的黄桃罐头，自己加工的黄桃罐头无添加剂而且更加鲜美可口，做法也超级简单！家里做好的没有开封的黄桃罐头用冰箱冷藏一年也不会坏哦！趁着黄桃大量上市的季节，大家赶紧多做几瓶，这样一年四季都可以享用这酸甜的美味了！

材料

黄桃 5 个，黄冰糖 100g。

做法

① 黄桃洗净去皮切块。

② 放进不锈钢锅里加冰糖和没过黄桃的水，先用大火煮沸再用小火炖 20 分钟，直到黄桃滑软、冰糖彻底溶化。

③ 装黄桃的密封玻璃瓶洗净用开水消毒。

④ 把煮好的黄桃连汤带肉趁热装进耐热的密封玻璃瓶里，盖上盖，等放凉后再转存到冰箱冷藏。

嘟妈制作心得

· 黄桃要保存时间长，挑选的储藏器皿一定要密封性好。

· 黄桃的营养十分丰富，含有丰富的抗氧化剂、膳食纤维、铁钙及多种微量元素，常吃可起到通便、降血糖血脂、抗自由基、祛除黑斑、延缓衰老、提高免疫力等作用，也能促进食欲，堪称保健水果、养生之桃。

手机扫描二维码，
介绍更详细！

清热降火的夏日冰爽甜品 芋圆仙草冻

　　芋圆仙草冻是台湾著名的小吃之一，时下非常流行！最具人气的芋圆仙草冻用料很丰富：有芋圆、紫薯圆、南瓜圆、仙草冻、冰淇淋、红豆等。芋圆均为各种健康粗粮加上木薯粉纯手工搓揉而成，吃起来Q感十足。再配上甜蜜的红豆、滑爽的仙草冻、冰凉甜蜜的椰子汁，混搭的口感很奇妙！夏天吃上一碗既消暑又过瘾！

材料

仙草粉（黑凉粉）50g，芋艿3～4个，紫薯2个，南瓜几片，木薯粉150g，玉米淀粉50g，糯米粉10g。
调料：椰子汁，蜂蜜，白糖。

做法

① 仙草冻做法：见第131页①②。

② 南瓜、紫薯和芋艿洗净，蒸熟，分别去皮压成泥。

③ 把木薯粉150g，玉米淀粉50g，糯米粉10g，三种粉先混合均匀，然后均分成3份装在3个碗里。

④ 每个碗里分别加进紫薯泥、南瓜泥和芋艿泥，揉拌均匀。然后冲进滚水，烫熟各碗粉泥，揉成光滑的面团。

⑤ 各面团揉成直径1cm左右的细条，再用刀切成小段。装在撒了干粉的盘子里，各种颜色的芋圆就做好了。

⑥ 煮滚一锅水，下芋圆煮沸后再倒进一碗冷水，再次煮沸就可以捞出了，捞出的芋圆直接放进冰块里冰镇，口感会更加Q哦！

⑦ 最后把冰冻好的仙草冻切成小块，放进碗里，加进Q感的芋圆、椰子汁、蜂蜜或白糖，诱人的甜品就完成了！

 嘟妈制作心得

· 用滚水制作面团，能让芋圆在降温后不变硬，保持软Q的口感。

· 芋圆烧仙草这道甜点中木薯粉是一种淀粉，又称菱粉、泰国生粉，它煮熟后会呈透明状，口感带有弹性。

· 煮芋圆的时候会看到水变成蓝绿色，那是正常的现象，因为紫薯里含有一种花青素。

· 南瓜含水量最大，所以做芋圆仙草冻就不需要另外加水了，南瓜直接当水用。

· 揉好的烫面团非常柔软，先用保鲜膜覆盖起来以防干燥。

手机扫描二维码，
介绍更详细！

伏天里的透心儿凉 五彩健康棒冰

每年暑假，家里的孩子都爱去小店买各种各样的棒冰吃：白糖棒冰、巧克力棒冰，还有那种五颜六色的果汁棒冰……

不容置疑，市售美味的棒冰肯定也含有形形色色的添加剂，孩子吃棒冰，也就吃进了各种的添加剂。

为了孩子的健康，自己动手给孩子做清凉美味又健康的棒冰吧！

材料

各种水果，牛奶和酸奶，白糖。

模具：各种棒冰模具。

做法

火龙果棒冰：

❶ 火龙果去皮，果肉切成小块。

❷ 放进搅拌机加进白糖和凉开水搅拌。

❸ 搅好的汁倒进洗干净的棒冰模具里，放入冰箱冷冻 4 个小时即可。

猕猴桃酸奶棒冰：

❶ 猕猴桃切去两端，用勺子挖出完整的果肉，切成丁。

❷ 模具里放进少量猕猴桃肉，再加入酸奶和白糖，拌匀放冰箱冷冻 4 小时即可。

水果碎碎冰棒：

❶ 芒果挖出果肉。

❷ 放进搅拌机加牛奶和白糖，搅拌成芒果牛奶泥。

❸ 装进碎碎冰模具里，盖上盖子，放进冰箱冷冻 4 小时。

 嘟妈制作心得

· 关于棒冰的原料，只要是孩子喜欢吃的原味果汁、奶制品、各种糖水都可以。用绿豆、红豆、糖水的话，加 2 勺糯米粉一起煮，口感会更好。

· 糖要稍微放多点，冰冻过后的果汁或糖水，甜度会下降很多，所以要完美的口感就要多放点糖。

手机扫描二维码，
介绍更详细！

自己播种的绿色饮品 麦苗汁

生活中很多简单的美味都很容易让我心动，继而亲自动手尝试……

偶尔一次在电视上看到了麦苗汁的介绍，以及简单的栽培过程，马上勾起了我动手的欲望。先去网上买回了麦苗种子，然后去阳台花盆播种。结果，还真的喝到了清香碧绿的麦苗汁了！这是收获幸福的滋味！

麦苗的栽培

❶ 播种第1天：准备一个花盆，放上肥沃的泥土，在泥土上撒上一把麦子，然后用喷雾浇水，直至泥土全部湿透。

❷ 播种第2～3天，麦子开始发芽了。

❸ 播种第5天：麦苗长得好快，一天长了近3cm。

❹ 然后一天天地长……差不多10天后，麦苗长到18cm左右就可以收获了。

麦苗汁的做法

❶ 准备一把麦苗，少量蜂蜜，2杯纯净水或凉开水。麦苗清洗干净，切成段。

❷ 放进搅拌机，再倒进几杯纯净水，开动搅拌机几秒钟。

❸ 搅拌好的麦苗汁用滤网过滤挤压出汁。

❹ 最后加进蜂蜜拌匀，绝对新鲜，绝对健康的绿色保健饮品就做好了！

嘟妈制作心得

· 麦苗一般适合在10月份种植，但家里只需麦苗，不需结出麦子，就可以常年种植，夏天特别热除外。

· 麦苗长到20cm左右高时剪下，不要齐根剪断，留下一部分茎，常浇水，五六天后，新一茬的麦苗又会长起来，如此可以剪几次。

· 麦苗汁的营养价值很高，有常吃青，血液清的说法！它除了含有大量活性矿物质、蛋白质、维生素、微量元素之外，它的分子结构与人的血液分子极为相似，称为"绿色血液"，能有效地排除肿瘤毒素，即血液内的毒素。

· 麦苗汁经过搅拌机搅拌，榨取了所有麦绿素，剩下的全是纤维。榨好的麦苗汁要趁新鲜马上喝掉，以免营养流失。

· 小麦苗汁味甜，肠胃不好的不能空腹喝，以饭后1小时喝为宜。

豆浆机美食 番茄银耳露

　　银耳又称白木耳，别名平民燕窝，能益气清肠，滋阴润肺，补脾开胃，还有增强人体免疫力的功效。除此之外，银耳里富含的天然植物胶质，还可以润肤，常食用可以让皮肤滑嫩有光泽，还有祛除脸部黄褐斑、雀斑的功效。

　　番茄，洋气的西餐常见食材，维生素C含量高，有美白和防晒的功能，非常适合炎热的夏天食用。

　　把番茄、银耳、冰糖和柠檬组合在一起，用豆浆机的五谷粥功能就能轻松制作出夏日的滋补美颜饮品，成品酸酸甜甜的，非常美味哦！

材料

大番茄2个，泡发好的银耳几朵，腌制的冰糖柠檬水1碗（没有就用柠檬汁和冰糖）。

做法

❶ 番茄插上筷子，在煤气灶上干烧几秒钟，听到番茄裂开声后离火轻松撕去番茄皮。

❷ 去皮的番茄切成块，银耳撕成小朵，一起放进豆浆机，加水到豆浆机的水位线处，接通电源开动豆浆机五谷粥功能，煮好后加入柠檬水拌匀即可。冰箱冷藏后，就是美妙的夏日冰品。

第五部分
精致花样主食
Delicate Diverse Staple Food

精致花样主食

DELICATE DIVERSE STAPLE FOOD

主食在我们的生活中必不可少。家庭主妇们除了为家人准备可口的饭菜，还需要经常变换一家的主食。尤其是我们日常的早餐，早餐的变化就是主食的变化，馒头、包子、大饼、油条、年糕、汤圆、粽子……还有那异国的花样主食，咱们都来学着做做吧！

这里介绍几款经典和时尚的花样主食

① 国粹面食——馒头和包子：

中国家庭很爱吃面食，尤其是馒头和包子，真可谓是百吃不腻，但家庭自制馒头和包子在南方比较少见，猜其中原因，估计是感觉馒头和包子做法太神秘难做，不敢去轻易尝试。就如嘟妈以前，真的很难想象包子也能自己家里做！但所有的事情在你挽起袖子的瞬间，也就已经成功了一半，馒头、包子亦是如此，世上本无难事。（学做面食详见本书第 223 页）

② 国粹面食——油条大饼和面条：

学会做馒头和包子后，做其他面食也就不在话下了！你可以在炎热的夏天给家人做一张喷香酥脆的鲜美肉饼，还可以用做馒头的边角料给家人炸几根健康的油条。当看着家人享受你亲手做的健康油条，幸福和成就感也就油然而生。

③ 精致日式小点：

和果子，也就是日本的点心，它以精致形美而出名，无论在什么时代都深受人们的青睐。

和果子日语里叫做"**お菓子**"，是日本饮食文化的"花儿"，因为它做得精巧细致还蕴含着的日本食文化而颇耐人寻味。春天草莓上市的季节，来做做好吃又好看的草莓大福吧！

④ 养身的米类食物：

中国是米类食物大国，传统米类食品不计其数，年糕、粽子、汤圆、麻糍、条头糕、松糕、米线……我们在学做各种传统米类食品的同时，再给它们来点变化和创新，于是花朵般的烧麦，牛奶糖般的迷彩汤圆就这样诞生了！

学做各种精致花样主食，让家变得更有滋味！

手机扫描二维码,
介绍更详细!

最最淳朴的传统面食 **刀切馒头**

　　刀切馒头是中国家庭的经典早餐品种。尤其是我们小的时候，早餐享用白白胖胖的刀切馒头是一件幸福的事情！家里做的馒头，闻起来有淳朴的面香，咬起来是殷实的口感，吃了一个就有满满的饱足感。自己做的馒头没有添加剂，是最真实的健康滋味！

　　馒头是一种把面粉加酵母或老面、水等混合均匀，通过揉制、饧发后蒸熟而成的食品。学会给家人制作馒头是一件很有成就感的事情哦！

材料

面粉 300g。

调料：盐 1g，糖 5g，酵母粉 3g，食用油 5g，温水适量。

做法

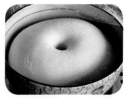

1 将酵母粉用适量温水先化开，面粉里加入盐、糖和油拌匀，再将溶化开的酵母水倒入面粉中，一边倒一边用筷子搅拌。

2 把面粉拌成棉絮状后用湿纱布盖起来饧发10分钟，再取出，轻松地揉成光滑的面团。

3 揉好的面团放进大碗里，盖上保鲜膜，放进 60℃ 水温的蒸锅中，盖上锅盖隔水发酵 1 小时左右。

4 发好的面团比原来的面团要大 2 倍，用手指沾了面粉在面团中间戳个洞，面团不反弹，说明发酵成功了。

5 发酵好的面团取出，重新揉回原来的大小。再把面团根据自己喜欢的大小，搓成长条状。

6 切成均匀的一段段，刀切馒头就是这么简单做出来的。

7 然后把馒头放蒸笼里静置30分钟，进行第二次发酵。

8 二次发酵好的馒头直接冷水上锅蒸10分钟左右，关火后5分钟开锅就可以享受白胖胖的刀切馒头了！

嘟妈制作心得

· 馒头可以根据自己家的口味调整，甜的咸的各取所需。揉面时加入食用油可以让馒头暄软可口。

· 馒头的种类也可以根据同样的方法来变换，面粉中可以加进杂粮做成杂粮馒头，水换成牛奶就是牛奶馒头，加进鸡蛋做成鸡蛋馒头等。

· 馒头的和面、揉面、发酵、蒸煮等方法详见本书第 223 页。

手机扫描二维码，
介绍更详细！

有着迷人口感的 双色花卷

　　俗话说，一日之计在于晨，早餐是一天中饮食的关键！所以为了家人的健康，早餐一定要做得好吃、富有营养。

　　花卷，就是馒头的变身，白面加上葱花和盐，比鲜肉包子少了份油腻，又比馒头多了份咸鲜清香的口感。这里做的双色花卷比一般的花卷多了一种颜色——紫色。双色花卷不仅让花卷看起来更加美丽，而且增添一份粗粮的健康。

材料

面粉200g，葱1把，迷你火腿肠1包，紫薯1个，老面1团（或酵母粉3g）。

调料：食用油、白糖各10g，盐1g。

做法

❶ 面粉加入油、盐和白糖拌匀，加入温水用筷子搅拌成絮状，再加进老面一起揉捏成团，盖上保鲜膜饧发5分钟。

❷ 香葱洗净切碎，火腿肠切末，熟紫薯压成泥。

❸ 饧发好的面团分成2团，其中一团加进紫薯泥，分别揉成光滑的面团，放进大碗里，包上保鲜膜，放进60℃左右的蒸锅里隔热水发酵1小时。

❹ 揉面排气成原来的大小，分别擀成大大的薄片，上面刷上一层油，撒上一层盐，再撒上一层葱花和火腿碎，分别卷起来，再分割成均匀的段。

❺ 把2个颜色的面卷叠起来，用筷子在中间压一条痕，用手指捏住两端，翻卷一周，再捏紧两端放底部，双色花卷就做好了！

❻ 卷好的花卷放蒸架上静置30分钟，再放进蒸锅中冷水上锅蒸15分钟，焖5分钟开锅即可。

手机扫描二维码，
介绍更详细！

鲜美多汁的 香菇大肉包

　　肉包子向来就是我国人民早餐的经典面食，相比较馒头而言，包子鲜美多汁的肉馅，喷香的肉味更是诱人，是让人一闻到就会咽口水的主食！

　　尤其是刚蒸好的肉包子，一口咬下去，肉汁立刻流了出来，味道真是妙不可言！

　　学会了做馒头，也就是学会了面食发酵，那做肉包子也就轻而易举了！

材料

面皮：面粉 300g，盐 1g，糖 5g，酵母粉 3g，温水适量。

馅料：三肥七瘦去皮猪肉 250g，葱 1 把，鲜香菇 5～6 个。

调料：盐 3g，蚝油 1 大勺，生抽 1 大勺，老抽 1/2 大勺，蛋清 1 个，生粉 1 大勺，香油 1 大勺，清水 1/2 杯（约 60ml）。

做法

❶ 发面的同时，往肉末中加入所有调料（除清水外），用筷子或搅拌器朝一个方向搅匀上劲，并分次少量地加入清水，搅拌肉泥上劲，最后加入生粉搅拌。

❷ 香菇洗净切成末，加进肉泥中，再加入香葱末和香油一起拌匀待用。

❸ 发酵好的面团取出，揉捏排气，分割成均匀的小剂子，再分别擀成中厚边薄的圆片。

❹ 面皮放在手中，取适量的馅料放入面皮中央，由一处开始先捏出一个褶子，然后继续朝同个方向捏褶子，直至将面皮边缘捏完，收口，成包子生坯。

❺ 锅里加水后放上蒸架，铺上湿纱布，再把做好的包子放在上面，盖上锅盖进行二次发酵。

❻ 30 分钟后，冷水锅开火，蒸约 15 分钟后关火，等 5 分钟后打开锅盖，取出即可。

嘟妈制作心得

· 包子和面、揉面、发酵、蒸煮等方法详见本书第 223 页。

· 做肉馅的肉最好选用肥瘦兼有的五花肉，制作馅料时，往肉馅中打入一些高汤或水，会使肉馅吃起来鲜嫩多汁。加水的时候，要少量多次地加入，等前面加进的水被肉末完全吸收了以后再加水。一定要注意朝一个方向搅拌，这样才能将水完全打入肉馅中并使之上劲。

手机扫描二维码，
介绍更详细！

冰花小葱 **生煎包**

上海生煎包外皮底部煎得金黄色，上半部分撒了一些芝麻、香葱，闻起来香香的，咬一口满嘴汤汁，颇受上海人喜爱。成品面白，软而松，肉馅鲜嫩，中有卤汁，咬嚼时有芝麻及葱香味，尤以出锅热吃为佳。自己家做葱煎包其实要比蒸包子来得简单，且不易失败！

材料

中筋面粉 200g，小葱少量，肉末 200g。
调料：活性酵母 2g，食用油 1/2 大勺，生抽 3 大勺，生粉 3 大勺。

做法

❶ 小葱切碎加进肉末里，加入生抽3大勺，少量水，搅拌上劲，酵母温水化开。

❷ 面粉加入酵母水和食用油，再分批倒进少量水，搅拌面粉成絮状，盖上纱布饧10分钟。

❸ 饧好后揉成光滑的面团，放进温暖的蒸锅，盖上纱布，再盖上锅盖隔水发酵1小时。

❹ 等面团发酵成2倍大时，取出面团，反复揉压排气，再揉成长条，切成小段。

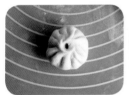
❺ 每个小段压扁，擀成圆片，包进肉泥做成小包子。

❻ 平底锅加少量油，排入小包子，用中火煎。

❼ 听到锅内发出吱吱声时，加进一杯水，水量以浸没包子一半为准，盖上盖子，用中火继续煮。

❽ 生粉和水拌匀，再次听到吱吱声，开锅盖，倒入调好的生粉水，继续煮到生粉水凝固成焦黄的冰花脆膜，关火，撒上葱花和黑芝麻即可。

嘟妈制作心得

· 做包子用的酵母一定要先用温水化开，这样酵母活性才足，能避免包子成品最后出现回缩。
· 生煎包的面团要软硬适中，和面的水要分次少量加入，不能一次加太多水。
· 肉馅要选肥瘦相间的猪夹心肉，这样做出的馅料口感好。
· 肉馅中加的水，要慢慢一点点地加入，边加入边搅拌直到被肉馅全部吸收，这样做出的肉馅才会鲜嫩多汁。
· 生煎包不能做太大，每份面片跟饺子皮差不多大小就可以。

手机扫描二维码，
介绍更详细！

无法抗拒的美丽——娇艳欲滴的 **玫瑰花馒头**

　　当做馒头和做包子都不在话下后，当然要研究更加美丽的面食啦！

　　玫瑰花造型的馒头，嘟妈很喜欢，所以家里也经常做，用紫薯做成的紫玫瑰馒头，或用南瓜做成的黄玫瑰馒头，每次做好玫瑰花馒头都会带给我惊艳的感觉，女人实在是太爱美丽的玫瑰花了！这里用纯天然的蔬菜——红苋菜原汁来给面团上色，做出来的玫瑰馒头真的像极了娇艳的玫瑰！虽然经过高温的蒸煮，娇艳的玫瑰馒头褪色成了淡淡的粉红色馒头，但也成就了一种粉粉的温馨美。

材料

中筋面粉 200g，红苋菜 1 把。
调料: 酵母 2g，白糖 1 大勺，盐 1 勺。

做法

❶ 红苋菜洗净切小段，放进小锅里，加少量水煮出玫红色的汤，过滤出汁。

❷ 面粉分装在 2 个大碗里，分别加进调料和酵母，拌进浓度不一的苋菜汁，搅拌成絮状。

❸ 揉成 2 个面团，装进保鲜袋饧发 5 分钟后，再轻松揉成光滑的面团。

❹ 把 2 个颜色的面团分别揉成条状，再各分割成 6 小段。

❺ 小段压扁后，用擀面杖擀成饺子皮大小的圆片。

❻ 把不同颜色的圆片如图交替排列成 6 片，中间用筷子压出一条中心线。

❼ 从下往上卷起来，中间扭断后就成了 2 朵漂亮的玫瑰花！

❽ 做好的馒头放进铺了蒸笼纸的蒸架上，隔温水发酵 60 分钟左右。然后冷水开蒸 10 分钟，再焖 5 分钟就可以出锅了。

嘟妈制作心得

· 这里选用的着色剂是天然植物，所以色素不耐高温，颜色不稳定，想要成品颜色稳定，建议大家用紫薯或南瓜此类的颜色来做，要做粉红玫瑰花也可以选择草莓粉等烘焙原料来添加。

白粥的幸福搭档 香菜肉酱饼

　　炎热的夏天经常让人们失去胃口，所以夏天的餐桌，清淡的白粥是很受大家青睐的。但除了给白粥配上下饭的小菜，如果再准备一个口感喷香鲜美的面食，是不是会让大家吃得更加有营养呢？香菜肉酱饼，成品喷香酥脆，哪怕你没有胃口，一旦闻到这个饼的味道肯定能马上提升你的食欲！一碗清香的白米粥配上喷香的薄饼，真是幸福美好的搭档！

材料

面粉 200g，肉泥少量，葱和香菜少量。
调料：食用油、盐适量。

做法

❶ 将面粉放进大碗，加入半小勺盐，加水搅拌成絮状，盖上保鲜膜饧发 10 分钟。

❷ 再揉成光滑的面团。

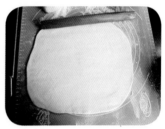

❸ 将面团分成 2 块，分别擀成大圆饼。

❹ 在饼上抹一层油，再铺上调好味的肉泥。

❺ 把肉饼卷起来，稍微压扁。将压扁的面团分割成 2 块，再用擀面杖分别擀成薄薄的夹肉饼。

❻ 平底锅加油烧热，放进薄饼煎到两面金黄酥脆，最后撒上香菜末即可。

嘟妈制作心得

· 吃的时候，在饼上再刷上一层甜面酱或番茄酱，能让肉饼的味道更加丰富！

· 这个饼擀得越薄，煎好的口感越脆，所以要尽可能地把面饼擀得薄。

· 不喜欢吃香菜的，可以用葱代替。

手机扫描二维码,
介绍更详细!

鲜美无敌的营养早餐 碧绿鱼饼

这个碧绿鲜美的鱼饼是我意外的收获！那天本来是想做个碧绿的鱼圆，结果鱼泥被我搅拌得太稀薄了，无论我怎样折腾也做不出鱼圆的形状了，只好索性加进面粉改成这款碧绿的鱼饼了，但成品味道滑嫩，清香鲜美，因为加上了很多生粉，还有点QQ的弹性，真是阴差阳错的美味！

材料

鲈鱼2条，荠菜1把，生姜1块，生粉和面粉各30g左右（具体的量看鱼泥的稀薄程度）。
调料：食用油、盐适量。

做法

❶ 鲈鱼清洗干净，取出鱼肉。

❷ 再割去鱼皮，切成小块。

❸ 生姜切成末，荠菜切成段。

❹ 姜末、荠菜、鱼泥一起放进搅拌机，加进一碗水搅拌成鱼泥。

❺ 搅拌好的鱼泥加进一勺盐、生粉和面粉，还有少量的食用油，搅拌成能流动的面糊，面糊再饧发片刻。

❻ 平底锅加少量油烧热，倒进一勺面糊，利用铲子把面糊摊成薄饼。

❼ 等面糊稍微凝固再翻面烤熟另外一面，就成一张鲜美的鱼饼了！

 嘟妈制作心得

· 这个鱼饼很是鲜美，口感滑嫩又弹Q，因为加了生粉，所以即使鱼饼冷了口感也不会很硬，真的不错！
· 鱼饼面糊要掌控好厚度，以滴落的面糊能成直线流下，堆积的面糊又能马上化平为好，这样厚度的面糊倒进锅里能用铲子轻易抹出薄薄的饼，煎好的饼才够薄够脆够美味。
· 荠菜没有也可以用其他绿色蔬菜代替。

享受香糯满口的早餐 韭菜鸡蛋煎饼

韭菜鸡蛋煎饼是我家餐桌经常出现的早餐。我一般会在前一天晚上做好半成品的韭菜饼放在冰箱冷冻，第二天早上就把做好的饼直接拿平底锅一煎，金黄喷香的韭菜煎饼就成了全家人的营养早餐！咬着脆香软糯又多汁的韭菜鸡蛋煎饼，喝着豆浆机磨的豆浆，感觉早餐真是享受的时光！

📷 材料

面粉 100g，韭菜 1 把，鸡蛋 2 个。
调料：食用油适量，盐 1 勺，猪油 1 大勺。

📋 做法

❶ 将面粉放入大碗里，加入 1 勺盐和 1 大勺猪油拌匀，再冲进滚烫的开水，用筷子搅拌成雪花片状。

❷ 盖上保鲜膜饧发 10 分钟。然后揉成光滑的面团，放进保鲜袋里再饧发 10 分钟。

❸ 面团饧发的时候，把韭菜洗干净切成碎末。

❹ 鸡蛋打在碗里，加入少量盐，打散开。平底锅加热，倒进少量油，下蛋液，用铲子划成蛋块，盛出放凉。

❺ 把放凉的鸡蛋块和韭菜混合一起，倒进少量食用油先拌匀，再撒上半勺盐搅拌均匀，馅料就做好了。

❻ 饧好的面团取出一半，搓成长条，再分割成 5 小段，每段用手掌压扁，再用擀面杖擀成饺子皮大小的片。

❼ 圆面片包进韭菜鸡蛋馅，像包包子一样收口，再把包子轻轻地压扁就做好了。

❽ 平底锅加热，倒入少量油，铺上做好的包子，煎到两面金黄即可（注意煎的时候，要用中小火加盖煎，能加快煎饼熟的速度）。

💡 嘟妈制作心得

· 用烫面做煎饼能加快煎饼熟的速度。
· 烫面里加入猪油能增加饼的松软口感和香味，素食者可以用植物油代替猪油。
· 拌馅料的时候要注意，一定要先混合油，再加进盐，先加盐的话容易让韭菜出水！
· 初春时节的韭菜品质最佳，多吃韭菜还能预防春困，大家记得多吃点哦！

手机扫描二维码，
介绍更详细！

家庭自制 放心油条

　　制作馒头的时候还意外发现了油条的做法，原来用馒头的边角料就可以自己在家做出健康的油条呢！那金灿灿的健康油条，喷香酥脆，味道一点儿也不比外面买的逊色，最重要的是，自己家做的油条，没有添加剂，没有地沟油，绝对安全放心。

材料

普通面粉200g，老面1团（没有老面用酵母2g）。
调料：食用油、白糖各1大勺，盐少量，牛奶1杯（牛奶具体量以面粉能揉成面团为准）。

做法

❶ 面粉加白糖和盐，再加入温牛奶搅拌成絮状，饧5分钟后，加进老面一团，一起揉成光滑的面团。

❷ 面团放碗里，盖上保鲜膜，在30℃左右温度下发酵1小时。

❸ 面团发酵到2倍大时，从碗里取出，把面团重新揉回原来的大小。

❹ 取一小团的面团，擀成厚度约0.3cm的长方形，用刀切成宽度约2cm的片。

❺ 再把切好的片中间对折叠起来，用筷子在中间压一下，油条就做好了。

❻ 开始炸油条了：锅里放少量油烧热，抓起油条的两端稍微拉拉长，放进油锅里，油条膨胀开来后，用筷子给它迅速地翻面，让另外一面也迅速膨胀起来，再一边翻转油条一边等它慢慢变成金黄即可！

💡 嘟妈制作心得

· 油条和凉拌豆腐可是绝配呢！喷香酥脆的油条配鲜嫩的酱油豆腐，哇，再来一口软软的白馒头，那真是太幸福了！
· 老面发酵的馒头比酵母发酵做出来的馒头口感更好，醇厚松软！
· 关于面食发酵，具体见本书第223页。
· 炸油条的时候油要烧得够热，放入油条生坯后会立即浮起胀大为好。

手机扫描二维码，
介绍更详细！

杭州名小吃的华丽变身 **洋葱包桧**

葱包桧是杭州的名小吃。是用一张春卷皮（春饼）包卷油条烤制而成，喷香酥脆很是美味！桧儿即油条，浙江的方言，全称为油炸桧儿。

清明节的前后，杭州的菜场有一种绿色的年糕，是用艾草和大米加工成的年糕。用艾草年糕和奶酪代替油条，用春卷皮把奶酪、年糕和香葱段包起来，再用传统的方法这么一烤一压，烤出滚烫的混搭版本的洋葱包桧。尝尝，还别有滋味呢！

材料

艾草年糕 2 段，小号的春卷皮 20 张，马苏里拉奶酪 1 块，葱段适量。
调料：食用油、番茄酱适量。

做法

❶ 年糕和奶酪各切小段，葱切得比春卷皮稍微长点。

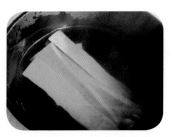

❷ 年糕用热水泡软。

❸ 取一张春卷皮，中间放进泡软的年糕片和奶酪片，上面放上几根葱，包裹起来。

❹ 平底锅加少量油加热，放进包好的葱包桧各煎几分钟。

❺ 直煎到葱包桧两面金黄，年糕和奶酪彻底软化，流出溶化的奶酪即可。

趁热赶紧开吃吧！吃的时候也可以根据各人喜好涂上一点调料，我这里涂了孩子爱吃的酸甜的番茄酱，好美味呀！

手机扫描二维码·
介绍更详细

浓浓家的滋味 鸡蛋手擀面

　　手擀面以面条弹滑、爽口、筋斗而深受人们喜欢。擀得恰到好处的面不粘不糊、筋道爽滑，特有嚼劲。当然，手擀面还有一点最能打动家人心，就是它那浓浓的家的滋味……

材料

面粉 300g，鸡蛋 1 个，水适量。
调料：盐适量。

做法

   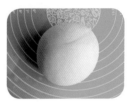

❶ 面粉，盐，鸡蛋一起放进大碗里，慢慢地边搅拌边分批少量加入水。

❷ 用筷子把面粉搅拌成雪花絮状。

❸ 再用手揉捏成面团，包上保鲜膜饧发20分钟。

❹ 饧好的面团揉成光滑的面团，再放进保鲜袋里饧发 1 小时。

❺ 开始擀面，把面团分成 2 个，分别擀成厚度约 0.5mm 的大面皮。

❻ 再撒上干粉，叠成"Z"字形。

❼ 然后用刀切成自己想要的粗细面条。

❽ 最后，在切好的面条上再撒一些干面粉，抖散抖匀，鸡蛋手擀面就做好了！

嘟妈制作心得

· 每个人喜欢的面条软硬度不一，面粉的吸水性也不同，所以水的用量要自己调节。手擀面要揉得硬，越硬越好，能够勉强揉成团就行。

· 一开始不要着急想揉面，成团后饧20分钟左右再揉就很容易把面团揉光滑了，揉光后再继续饧面，时间越长越好。

· 手擀面煮时会胀发，所以擀面不能太厚，否则成品会更厚，以小于1mm为宜，切面的时候可以根据各人喜好确定面的宽窄。

· 煮手擀面的水要多，水开后再下面条。

· 面条最好随吃随做。如果擀得多也可以用保鲜袋装起来放入冰箱冷冻室里保存，入锅煮前不用解冻。

手机扫描二维码，
介绍更详细！

5 分钟出品日式和果子 生八桥

和果子是一种格外雅致，令人过目难忘的日式美味小吃。和果子的主要食材是糯米和红豆馅，经过熟制之后，添加砂糖，制作成各种造型的精美小点心，不同的颜色，不同的做法，代表不同的季节和含义。

材料

粳米粉（大米粉）60g，熟黄豆粉50g，红豆沙少量。
调料：白糖适量。

做法

❶ 粳米粉放进耐高温的微波容器里，加白糖和水搅拌均匀，盖上耐高温保鲜膜，高火微波加热半分钟。

❷ 半熟后，取出，搅拌均匀后再微波高火半分钟到彻底熟，拌匀，放凉。

❸ 硅胶垫上撒上少量黄豆粉，再把煮熟的米粉团放上。用黄豆粉滚圆米团。

❹ 把米团压扁，再用擀面杖擀成大大的，厚度如饺子皮的薄米饼。

❺ 用硅胶刀切去边皮成方形，再按自己的需要分割成正方形或长方形。

❻ 红豆沙均匀抹在薄米饼上。

❼ 最后，把正方形的对角线折起来，长方形的卷起来即可。

 嘟妈制作心得

· 八桥是一种日本点心，也是京都的名牌糕点。生八桥，类似我国的驴打滚，唯一不同的就是驴打滚是糯米粉做的，而生八桥用料是全粳米粉。
· 如果红豆沙比较干硬，可以先用少量开水稀释拌匀再用。
· 制作时，米粉中加水的量以把面糊搅拌成酸奶状为准。

手机扫描二维码，
介绍更详细！

福气满满的 **草莓大福**

草莓大福，日式点心，名字很喜气，沾满了福气！很像我们平常吃的糯米糍，材料做法也同糯米糍和条头糕差不多，就是里面多包了个草莓进去。

春天的时候，妈妈在家做几个，给春游的小朋友带上几个吧！

材料

糯米粉 200g，玉米淀粉 50g，小个的草莓适量，豆沙 200g，椰蓉少量。
调料：白糖 30g，食用油 1 大勺。

做法

❶ 各种粉混合，加进水搅拌成酸奶状厚度的面糊。

❷ 再加进白糖和食用油，搅拌均匀。

❸ 把拌匀的米糊放进微波炉高火加热 2 分钟，取出搅拌一下再加热 1 ~ 2 分钟，看面糊变成透明的就好了。

❹ 草莓洗干净，用盐水浸泡后，摘去托。手里放一张保鲜膜，放一勺豆沙，再放上一个草莓。隔着保鲜膜让豆沙把草莓包裹起来，揉成一个球状。

❺ 再取一张保鲜膜，抹上一点色拉油或橄榄油，挖一勺面糊放上面，再隔着保鲜膜用手压出圆饼状。然后包进豆沙球，用虎口收口。

❻ 把搓圆的团子放进椰蓉堆里，滚上椰蓉即可。

 嘟妈制作心得

· 草莓要挑选小个的，要不做出来的大福就超级大个，无从下口了哈！

· 没有椰蓉就用熟淀粉代替，把淀粉蒸熟，或微波加热烤熟都可以。正宗的草莓大福应该用熟淀粉的，我正好有椰蓉就滚上了椰蓉。

手机扫描二维码,
介绍更详细!

能让你闻到花香的 金银花朵烧麦

　　烧麦，又称烧卖，是形容顶端蓬松束褶如花的形状，是一种以烫面为皮裹馅上笼蒸熟的面食小吃。形如石榴，洁白晶莹，馅多皮薄，清香可口。给普通的烧麦增添几种漂亮的色彩，就能让烧麦看起来更加像花朵了！瞧那晶莹别透的黄白相间的花朵烧麦，是不是让你闻到了花朵的清香呢？

材料

蒸熟的南瓜肉少量，蒸熟的糯米饭 1 碗，肉末半碗，澄粉 150g，玉米淀粉 50g，葱姜和香菇少量。

调料 1：盐半小勺，黄酒 1 大勺，麻油 1 大勺，胡椒粉适量。

调料 2：食用油适量，酱油 1 大勺，猪油少量。

做法

1 南瓜蒸熟压成泥加入半碗水，搅拌成南瓜汤，用滤网过滤出黄色的南瓜汁，再把南瓜汁用微波炉高火加热 1 分钟成滚烫的南瓜汁。

2 大碗里放入淀粉、澄粉、少量的盐混合拌匀，再分成 2 份。其中一份冲进滚烫的南瓜水，另一份冲进开水，分别搅拌成絮状。

3 再分别加入少量猪油揉成面团，放进保鲜袋里饧发半个小时。

4 面团饧发时来做馅料：葱、姜和香菇切成细末。

5 油锅烧热，先爆香葱、姜末，加进肉末和香菇翻炒，肉末变色后，淋入酱油 1 大勺调味。

6 再加入熟糯米饭炒匀，最后加进调料 1 炒匀，糯米馅料就做好啦！

7 饧发好的 2 个面团分别擀成薄片，再上下重叠卷起来。

8 再把卷好的条搓成直径约 2cm 宽的细条。用刀分割成 2cm 长的小段，用擀面杖擀成饺子皮大小，中厚边薄的圆片。

9 圆片中间放进一勺糯米馅，再用虎口收拢，就成了花朵般的双色烧麦了。

10 最后放进铺了油纸的蒸笼里，滚水上锅蒸 6 ~ 7 分钟即可！

 嘟妈制作心得

· 澄粉：又名澄面，是用小麦粉加工而成的。先把小麦粉洗出面筋，再将洗过面筋的浆水沉淀，滤干水分，将沉淀的粉晒干后研细，便是澄面。粉质细滑，色洁白，用炸的方法会脆。

· 澄面：淀粉为 3：1，能让烧麦皮更有韧性。

手机扫描二维码,
介绍更详细!

元宵节的美味——牛奶糖般的 **迷彩汤圆**

元宵节吃汤圆，是中国的传统习俗。汤圆寓意着喜庆与团圆，是家家户户在吃团圆饭的时候必备的。汤圆是用糯米粉等做的球形食品，大多有馅儿，带汤吃。汤圆馅有多种多样，传统的有芝麻馅、花生馅、豆沙馅、肉馅、水果馅等。家庭自制汤圆馅虽然比从超市里直接购买麻烦一些，但汤圆的品质可以自己控制，更何况自己做汤圆，制作过程也很享受，看看那滚动出来的斑马条纹，好有成就感呢！

材料

紫薯 1 个，糯米粉 200g，豆沙少量。

做法

❶ 糯米粉分别装进 2 个大碗里，一碗加进蒸熟的热紫薯拌匀，一碗冲进开水，分别揉成紫薯糯米团和原色糯米团。

❷ 两个米团再分别装进保鲜袋里饧发 10 分钟。取原色的糯米团，搓成粗圆柱子，再取紫色的糯米团，搓成 4 ～ 5 根细条。

❸ 把搓好的紫色面条如图相隔贴在原色的米团上。

❹ 再把米团搓长，随后把米团两边向 2 个方向旋动，就搓出了旋转的斑马条纹。

❺ 把搓好的米团切成相等的小段，搓成圆球。

❻ 把米团压扁捏成汤圆皮。

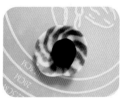

❼ 再包进豆沙馅搓圆就完成了迷彩汤圆。

❽ 做好的汤圆直接下滚水锅中煮滚即可食用。吃不完的也可以存放在冰箱冷冻。

嘟妈制作心得

· 汤圆粉一定记得用开水冲哦，这样的面团会很有黏性，容易包好汤圆。

· 包汤圆的时候，一定记得把米团放保鲜袋里，包完一个再取出包另外一个，要不然面团变硬就很难包出完美的汤圆了。

· 汤圆煮滚后，应该加入适量的冷水，使它保持似滚非滚的状态（否则汤圆会不断翻滚，不仅容易破裂，而且会因为受热不均，使得外熟内生），再次煮滚后再煮一会儿，即可捞出食用。

· 汤圆盛出放进开水碗里，可以保持汤圆汤水的清澈，再淋上一点糖桂花水，看起来就更加诱人了！

手机扫描二维码，
介绍更详细！

新年富贵点心 桂花金块

　　过新年啦！大家都喜欢吃年糕，寓意就是希望幸福的日子能过得一年高过一年！在这样的喜气日子里，推荐一款新年富贵点心——桂花金块。

　　那看着金黄，闻着喷香，咬一口酥脆甜蜜又软糯的年糕，哎呀！真是没有理由不爱它呀！

材料

南瓜年糕 2 条。

调料: 食用油，糖桂花少量。

做法

❶ 南瓜年糕如图一条切成 4 块。

❷ 平底锅倒进少量油烧热，铺进年糕片。

❸ 用中小火煎至两面金黄酥脆。

❹ 最后撒上糖桂花，搅拌混合均匀就可以开吃了。

嘟妈制作心得

· 糖桂花，就是新鲜的桂花和白糖混合，放进密封的瓶子里冰箱冷藏结晶而成。桂花怒放的季节里，大家可以动手做一瓶，冰箱冷藏，可以常年食用。

· 买不到南瓜年糕也可以用其他杂粮年糕代替，但要选择口感软糯的。

· 这款年糕口感脆香软糯，但要趁热吃，冷了以后年糕口感会变硬！

手机扫描二维码，
介绍更详细！

约会春天的甜蜜糕点 白雪蒸糕

　　米糕，顾名思义就是用米做成的糕点，是一种非常健康的传统糕点。印象中的米糕白白的，软软的，香香的，轻轻咬上一口，松松的软，淡淡的甜，微微的糯，再慢慢地在口中融化……

　　米糕在韩国也深受欢迎。相比较中国的米糕，韩国的米糕外形上要做得更加精致美丽一点。这里介绍一款韩式白雪蒸糕，是把白色的米粉放入蒸笼后蒸出来的糕点，制作简单，味道淳朴，非常值得一试！

🍳 材料

大米粉 250g，糯米粉 50g，水 50g 左右（看面团情况添加），装饰干果少量。
调料：细砂糖 60g。

🍲 做法

❶ 米粉和糯米粉放入大碗中混合，分几次加进水，用手搓开米粉，让水和粉混合均匀。

❷ 直到米粉能捏成粉团，再轻轻晃动盆子，米粉团不会散开就说明水量正好。

❸ 再用筛网过筛米粉。

❹ 过筛好的米粉中加入白砂糖用刮刀混合均匀。

❺ 准备一个蒸笼，铺上蒸笼纸，把混合好的米粉轻轻放入蒸笼，铺满后用筷子刮平表面。

❻ 用尺子和小刀把米粉分割成八等份。

❼ 把水果蜜饯装饰在每一块米粉上。

❽ 盖上盖子进蒸锅大火蒸 20 分钟左右。再焖 5 分钟出锅即可。

💡 嘟妈制作心得

· 米粉的水量要根据情况添加，以加到米粉能用手捏成粉团，再轻轻晃动盆子，米粉团不会散开的状态。
· 大米粉和糯米粉的比例可以根据各家的口味调节，糯米粉放得越多，成品口感也就越糯。
· 家里没有蒸笼的也可以用盘碗来代替，碗底也可以铺上纱布，纱布上面撒上一些白糖，可以防粘。
· 用盘碗蒸制米粉糕的时候，可在碗上盖上一块蒸笼布，这样可以防止水蒸气滴落进米粉糕表面，影响成品美观。
· 米糕蒸前要先切割好，这样蒸好后会自然分割成完整的块状，方便食用。

家庭滋补养身粥 海参粥

海参又名刺参、海男子、土肉、海鼠、海瓜皮。

海参是一种名贵海产动物，因补益作用类似人参而得名。海参肉质软嫩，营养丰富，是典型的高蛋白、低脂肪食物，滋味腴美，风味高雅，是久负盛名的名馔佳肴，是海味"八珍"之一，与燕窝、鲍鱼、鱼翅齐名，在大雅之堂上往往扮演着"压台戏"的角色。

材料

白米粥 1 锅，泡发好的海参 1 只，迷你黑木耳 1 把，葱姜少量，枸杞适量。
调料：盐适量。

做法

① 电饭锅里煮好一锅白米粥。

② 取一条泡发好的海参切薄片，黑木耳洗净，生姜切丝，葱切段，枸杞洗干净。

③ 把所有准备好的配料放进白米粥里一起煮。

④ 煮滚后再煮 5 分钟，加盐调味即可。

海参的泡发：

① 将干海参放入无油洁净容器内，倒入纯净水，使其完全浸泡于水中，将海参置于冰箱保鲜箱内（0℃左右）浸泡 24 小时。

② 期间，每 12 小时换水一次，直至海参柔软。

③ 用剪刀顺海参体下开口处剪开，除去沙嘴（海参头部内侧白色硬质的东西）。

④ 保留海参肚子里的筋膜，再将筋膜切断，清洗干净。

⑤ 将海参放入干净无油的锅内，倒入纯净水，旺火煮至沸腾，然后换文火煮 30 ~ 50 分钟。海参煮好的标准是用筷子的细端能轻松扎透海参的体壁。

⑥ 待海参自然凉透后捞出，重新放进干净的容器内，加满纯净水，再将其置于冰箱冷藏室浸泡 24 小时。期间，每 8 小时换水一次，一般 24 小时后，海参就胀得非常大了，大概是原来的 3 倍大，说明泡发完成。

嘟妈制作心得

· 泡发海参时，容器必须干净，切莫沾上油脂、碱、盐，否则会妨碍海参吸水膨胀，降低出品率；甚至会使海参溶化，腐烂变质。

· 发制海参时用的容器最好也是密封的，以免影响泡发质量。

· 发好后吃不完的海参要单独用保鲜膜包好冷冻起来，吃之前拿出来用温水解冻。

手机扫描二维码，
介绍更详细！

包裹最健康的美味 红枣豆子杂粮粽

端午节历来是中国人很重视的传统佳节。说起端午节，人们马上能想到吃粽子、赛龙舟、挂艾草、烧菖蒲，再给孩子们身上挂上香袋……

端午节吃粽子，是现在大多数人比较了解的一个端午习俗，最早是为了纪念屈原。慢慢的，粽子逐渐演变成深受大众欢迎的美食。

材料

新疆大红枣 100g，豇豆和红豆各 100g，糯米 1500g（包好的粽子差不多是 15 个），苎麻绳或棉线一捆。

调料：盐 1 大勺。

做法

1 干粽叶买回先放在锅里加水煮沸 5 分钟，取出清洗干净。苎麻绳子撕成细绳作为包粽子的绳子待用。

2 糯米和各种杂粮洗干净浸泡 10 分钟，沥干水分，加 1 大勺盐和去核的红枣，拌匀待用。

3 开始包粽子：取 2 张粽叶，正面朝上叠起来，靠粽叶右边 2/3 处，叠成浅口的长漏斗状（下面部分重叠）。

4 装进糯米和杂粮，捏成长条状，盖上粽叶。

5 用手把粽子的左右两侧包裹平整，最后上端多出的叶子向后折回，再用绳子捆绑，长方形的粽子就包好啦！

6 把包好的所有粽子放进压力锅里，加满水，压力锅煮 1 小时即可。

嘟妈制作心得

· 我很爱杂粮粽，尤其是自己包的杂粮粽子比外面买的口感更加结实，因为糯米和豆子杂粮浸泡的时间短，粽子又包得紧，粽子在煮的过程中糯米和豆子杂粮之间就会不停膨胀和挤压，最后的成品粽子口感就会很有嚼劲。

· 如果给家里的老年人或宝宝吃的话，建议糯米和杂粮浸泡时间加长，这样包出来的粽子口感就很软烂了，大家根据自己口感包粽子！

· 自己包的粽子就是最美味的！尤其是刚刚煮好的粽子，吃起来口感最好，吃的时候，再沾点白糖，那味道就更加丰富了，甜甜的，糯糯的，香香的。

手机扫描二维码，
介绍更详细！

无与伦比的鲜美主餐 花蟹炒年糕

花蟹属远海梭子蟹，因为外壳有花纹而被称之为花蟹。根据蟹壳的颜色不同，花蟹可分为兰花蟹和红花蟹两种。花蟹肉质清甜，味道十分鲜美，且壳不太硬，通常用来做炒蟹，仅搭配葱、姜就很完美。把它和主食年糕搭配在一起，就可以组合成一个无与伦比的鲜美主餐——花蟹炒年糕。花蟹的鲜，年糕的糯，两者搭配，美味无比！

材料

红花蟹 2 只，年糕半包，姜 1 块，蒜头几瓣，大葱 1 根，辣椒少量，生粉适量。

调料：黄酒 2 大勺，生抽 2 大勺，老抽 1/2 大勺，白糖半大勺。

做法

① 花蟹洗净切开，葱、姜切丝，大蒜切片，辣椒切段，年糕切片待用。

② 花蟹切口粘上少量生粉。

③ 铁锅先烧热，用生姜把锅身先擦一遍防粘。

④ 锅里放少量油，烧热后加入年糕翻炒，年糕变软后先盛出。

⑤ 留锅里底油，下葱、姜丝和辣椒爆香。

⑥ 再放进花蟹一起爆炒，等花蟹颜色变红后加进调料和半碗水炒匀。

⑦ 再加入年糕炒匀。

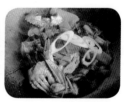

⑧ 盖上锅盖煮滚。煮滚后开盖，用中火收干汤汁，最后撒上大葱片即可盛出啦！

嘟妈制作心得

· 锅烧热后先用生姜把铁锅身先擦一遍，可以起到炒年糕不粘锅的作用。

· 海鲜比较易熟，不要烹制太久，肉熟即可，以免影响肉质。

· 最后盖上锅盖焖煮几分钟，可以使蟹和年糕入味。

第六部分
甜蜜家庭烘焙
Sweet Home Baking

甜蜜家庭烘焙

SWEET HOME BAKING

生活中，随着人们健康意识的增强，甜品店里工业化生产的各种各样的添加剂甜品，已经不能满足人们追求健康生活的需要。所以现代生活，家庭烘焙变得非常流行！越来越多的家庭煮夫、厨娘都会做一些拿手的蛋糕和小点心给自己的 Baby 和家人享用。用亲手烘焙的糕点来招待客人，更是一种珍贵的心意，获得客人赞美的同时，也能让你倍感成就！

这里介绍几款简单易做的家庭烘焙

1 吐司披萨：

有了家用面包机的帮忙，在家里也可以轻松制作吐司了！我们知道做面包吐司需要把面团揉出筋膜，那是非常耗时耗力的，但用面包机的揉面功能，你只需把面粉和配料放进面包桶，然后再等待 30 分钟就可以了！（关于家用面包机详见本书第 225 页）

2 面包：

借助面包机的揉面发酵功能，同样，我们也可以随心所欲地制作自己喜欢吃的面包了，做好的面包再放进烤箱里一烤，哇！成品美得可以和面包店的媲美啦！

3 蛋糕和饼干：

蛋糕和饼干，孩子们的最爱！妈妈们在厨房里变出一个个华丽的蛋糕和饼干，肯定能让孩子们对你刮目相看！瞧那迷人的芭比娃娃，原来是个蛋糕呀！妈妈还可以让宝贝一起动手做蛋糕和饼干，体验劳动的快乐！

烘焙让家的生活充满温馨和甜美！

面包机做的美食 豆渣吐司

豆浆，一般家庭经常吃，尤其是天气冷了，让家里的豆浆机定时工作，早上起床后，把做好的豆浆倒出来，全家一人一杯，热乎乎地喝，别提多享受了！喝完了豆浆，留下的豆渣我们用来做什么呢？嘟妈一般用它做馒头，做豆渣饼。现在发现，用它来做豆渣吐司也是非常不错的，吐司中加入了豆渣，口感变得特别柔软，真是很好的废物利用。

材料

金像高粉350g，耐高糖酵母5g，鸡蛋1个，豆渣230g，糖45g，盐4g，食用油25g。

做法

① 把豆渣、鸡蛋、糖和盐、食用油放进面包机。

② 再倒入称好的高粉，中间挖个孔，放上酵母。

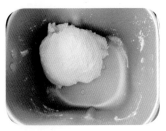

③ 启动面包机制作程序，我用法式面包程序，"1000g，烧色轻"，开始运行。

④ 3小时50分钟后，吐司制作完成。

嘟妈制作心得

· 有面包机给全家做面包实在是太方便了，只要选好配方，选好材料，全部按顺序倒入面包机，按下面包机按钮，几个小时后，喷香的面包就做好了！

· 各家面包机不同，制作面包的程序也会不同，一般按常规制作面包程序就可以了，但具体的烘烤时间，大家可以先观察下，面包上色均匀了，就可以提前取出，以免把面包烤老烤硬。

· 吐司有了豆渣的加入，吃起来口感非常好，很柔软。

手机扫描二维码，
介绍更详细！

面包机做的超级柔软 **汤种吐司**

　　用面包机做了一段时间的面包，我真心觉得，要做出一个完美的好面包，面包的方子实在是太重要了！这个方子做出来的面包柔软的都可以折叠成被子啦！能让未长牙的宝宝吃起来也毫不费力！

材料

汤种材料：高筋粉 25g，清水 100g。

面团材料：金像高粉 200g，中筋粉 50g，牛奶 60g，全脂奶粉 10g，酵母粉 3g，细砂糖 40g，盐 1g，鸡蛋 1 个，清水 20g，黄油 25g。

做法

① 先做汤种材料：25g 高筋粉和清水 100g 倒入奶锅内，充分搅拌均匀至无明显面粉粒。

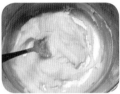

② 奶锅放灶上，小火开煮，一边煮一边搅拌至糊状，关火。面糊放凉后，盖上保鲜膜，放冰箱冷藏一个晚上。

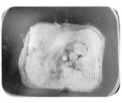

③ 面包机桶里加进做好的汤种面糊和面团材料中所有材料（除黄油外），启动面包机英式面包模式，选择重量"750g，烤色中"。

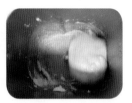

④ 期间，面包机揉面 10 分钟后加进溶化的黄油继续揉面。

⑤ 面包机工作总时长 2 小时 50 分钟。在揉面、发酵、饧面、排气、两次发酵等过程后，最后自动烘烤 40 ~ 50 分钟，听到面包机发出"嘀"的完成声，喷喷香的面包就可以出炉了。

⑥ 带上隔热手套把烤好的面包马上取出（倒扣面包机桶轻敲几下即可把面包取出了），取出的面包放在架子上冷却，放凉后就可用面包刀或锯齿刀切片享用了。

嘟妈制作心得

· 所谓汤种：汤种是取部分面粉加水，加热至一定温度，使淀粉产生糊化制成。冷却的汤种再和面粉、水分、酵母等材料混合制成面包面团，汤种的优点在于淀粉糊化使吸水量增强，因此面包的组织柔软，具有弹性，可延缓老化。

· 天气很热时，面包机搅面的时候要打开盖子。

· 做好的面包待完全冷却后，才可以切片，要不切片不好看，切片后直接装进密封袋子里常温保鲜，不可冷藏。

一片吐司多种滋味 五彩花样吐司

红、绿、白、褐 4 色组合而成的一片吐司，不光是长得漂亮，看起来赏心悦目，口感也柔软细腻，多种滋味！而且全部选用天然色素食材，让人吃了也感觉很健康！重点是用面包机帮忙揉面发酵后，这个看起来挺复杂的吐司制作起来也就变得简单了！

材料

1. 高筋面粉 300g，细砂糖 30g，盐 2.5g，酵母粉 5g，水 180g。
2. 无盐黄油 20g，抹茶粉 1/2 大勺，可可粉 1/2 大勺，红曲粉 1/2 大勺。
3. 450g 吐司模。

做法

❶ 将材料 1 放入面包机，然后开启面包机的揉面功能 15 分钟。

❷ 把面团揉到稍具光滑后，再加入软化的黄油，继续揉面 15 分钟到面团的完全阶段，即面团能拉出大片的薄膜。

❸ 取出面团，将面团均匀分为 4 份，将抹茶粉、可可粉、红曲粉分别加入三个面团揉圆，再揉圆本色的面团。

❹ 把 4 个面团分别装进 4 个保鲜袋，再把包好的面团放进面包机桶里，进行基本的发酵，约 2 小时。

❺ 等面团变为 2 倍大之后，分别取出，搓圆排气，松弛约 10 分钟，再分别将面团整形成长 30cm 的长条形。

❻ 以四股绳的编法将面团编成辫形，编好的辫形放入吐司盒，盖上盖子进烤箱进行第二次发酵。

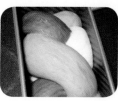

❼ 面团发酵至模具九分满时，先取出。烤箱 200℃预热。

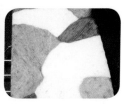

❽ 再把吐司盒放进烤箱中下层，烘烤 30 ~ 35 分钟。烘烤后，你可以打开看看，觉得上色满意了，就可以出炉脱模。

嘟妈制作心得

· 烘烤后，如果吐司上盖粘住无法打开，则表示吐司尚未完全烘烤好，需要继续烘烤。
· 吐司烤好后趁热马上脱模，此时吐司与盒容易分离，冷却之后再切开。
· 将长条编成辫子，手法要自然，不要编太紧了。
· 进烤箱进行二次发酵的时候，可以在烤箱里加一盆热水，帮助发酵。
· 这里的吐司盒用的是不粘的吐司盒，一般的吐司盒需要事先抹油。

手机扫描二维码，
介绍更详细！

馥郁香浓——最受小朋友欢迎的披萨 芝心大虾披萨

　　披萨（Pizza）又译作比萨饼、匹萨，是一种发源于意大利的食品，在全球颇受欢迎。披萨的通常做法是用发酵的圆面饼上面覆盖番茄酱、奶酪和其他配料，并由烤炉烤制而成。

　　芝心披萨，就是比一般的披萨多了一圈芝士边，用柱形的芝士铺在披萨边缘。芝心披萨可以让饼边也充满浓浓的芝士香味，让没了馅料的那部分也充满滋味。

材料

饼皮材料：面粉 300g，鸡蛋 1 个，食用油 20g，水 120g 左右，酵母粉 3g，盐少量，白糖 1/2 勺，黄油少量。

馅料材料：有机大平菇 1 朵，有机芦笋 4 根，大虾若干只，肉末 1 小碗，洋葱 1/2 个。

披萨配料：马苏里拉芝士 200g，番茄酱少量，黄油 1 块，奶酪粉和披萨草少量。

做法

❶ 所有饼皮材料（除黄油外）全部放进面包机揉面，一共揉面 30 分钟，再设置发酵程序发酵 1 小时，发面至 2 ~ 3 倍大。

❷ 肉泥加进少量盐、胡椒粉、生粉混合，大虾也加盐和胡椒粉腌制片刻，其他蔬菜切成段和片。黄油隔热水溶化，奶酪一半切成块，一半切成末，洋葱也切成丁。

❸ 用黄油炒香洋葱丁，加进菌菇和芦笋一起炒。继续加进肉末炒到颜色发白，加胡椒粉和少量盐调味，出锅待用。

❹ 发酵好的面团分成 2 个，分别加进黄油揉成黄油面团。再把面团分别擀成厚度约 5mm 的大饼。

❺ 饼皮的一圈间隔铺上奶酪块，中间空隙处用手按压，包住奶酪块。

❻ 披萨盘抹上黄油，把做好的饼皮放进披萨盘里。

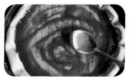

❼ 中间用叉子叉出小孔，涂上番茄酱抹匀，撒上披萨草。

❽ 铺上炒好的馅料和大虾，最后撒上奶酪末，周边再淋上奶酪粉，放进 220℃ 预热好的烤箱中用上下火中层烤 20 分钟左右。

 嘟妈制作心得

· 做披萨的面团和发酵做法同做馒头原理一样，家里没有面包机也可以完成。

· 一般家庭买不到柱形芝士的话就用马苏里拉奶酪切成块，再用饼皮包裹起来。

· 撒在披萨饼上的奶酪切成小丁，烤出来成品拉丝的效果最好。

手机扫描二维码，
介绍更详细！

与众不同的口感 黄金牛角面包

有一款名叫黄金牛角的面包我一直很喜欢，牛角的造型，金黄的色彩，每次去家旁边的面包店，我总会捎上几个回来，咬上一口，喷香硬朗的口感完全不同于一般的面包……好有嚼劲呀！原来自己家制作也是非常简单的。

这是一款无需过度揉面和发酵的面包，如果你一直害怕揉面，可以尝试下这款面包，很简单，很有不同的滋味！

材料

高粉 200g，低粉 100g，白糖 50g，盐 1/2 小勺，奶酪粉 10g，牛奶 100g，鸡蛋 1 个，蛋黄 1 个，酵母 1g，泡打粉 1g，黄油 50g，白芝麻少量。

做法

① 将除黄油和蛋黄外的所有原料混合，放入面包机内揉面 15 分钟。

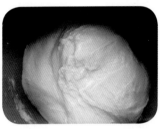

② 揉成稍具光滑状面团后，加进溶化的一半黄油，继续搅拌成光滑的面团，然后饧发 20 分钟左右。

③ 饧发好的面团等分成 8 份，搓圆后盖上保鲜膜，松弛约 10 分钟。

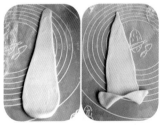

④ 再搓成圆锥状，擀成三角形。在最下面的中间切一个小口，左右折起。

⑤ 再用双手将面团往上卷起，整形成弯曲的牛角状。做好的牛角面包盖上保鲜膜，松弛 10 分钟。

⑥ 刷上蛋黄液，再撒上少量白芝麻，放入预热 180℃的烤箱内，约 20 分钟后，取出，再刷上熔化的黄油，继续烤约 5 分钟后再取出刷上熔化的黄油，然后再烤 5 分钟。

嘟妈制作心得

· 面团松弛的时间越长，口感就会越松软，大家根据自己的喜好调节。

· 最后刷 2 遍黄油，黄油刷得多，面包就越香哦！

· 奶酪粉没有可以不加，也很好吃。

这款面包有点恐怖 **毛毛虫面包**

　　金黄喷香的毛毛虫面包出炉了！形状真的像极了一条大毛毛虫！大家看了有恐惧感吗？哈哈……

　　毛毛虫面包形状虽然有点恐怖，但金黄的色泽，喷香的味道，加了蜂蜜，口感也超级柔软，轻轻一口就奶香四溢，香醇甜蜜的滋味在唇齿之间萦绕，让人不得不爱哦！肯定能让孩子们爱吃得停不下口！

材料

高粉 300g，糖 70g，酵母 3g，盐 3g，水 130g，蛋液 50g，蜂蜜 15g，黄油 60g，豆沙少量。

做法

❶ 将除黄油外的所有面团材料放入揉面桶内，把揉面棒安装在机器上，开启揉面 1 挡键揉面 3 ~ 4 分钟（中间停顿 2 次）。

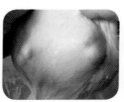

❷ 等到面团揉得出筋时，加进软化的黄油继续 1 挡揉面 2 分钟，再停顿 1 分钟，再揉面 2 分钟，揉至可拉出薄膜。

❸ 取出揉面盆，盖上保鲜膜，放温暖处发酵至面团 2 ~ 2.5 倍大。

❹ 取出发酵好的面团，排气，等分成 6 份，盖上保鲜膜，搓圆松弛 10 分钟。

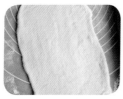

❺ 将松弛好的面团擀成长方形。

❻ 左边 2/3 处涂满豆沙，卷起来。

❼ 然后在右端每间隔 1cm 左右切开，如图。自右往左一条条拉长，卷起粘贴在面包下面捏紧，就成了毛毛虫面包了。

❽ 毛毛虫面包放进铺了油纸的烤盘里，放温暖处再次发酵约 2 倍大。再刷上蛋液，撒上芝麻放进 180℃ 预热好的烤箱中层烤 25 分钟即可。

嘟妈制作心得

· 小面团擀成长方形的时候宽度尽量要宽，否则卷起来不够胖。

· 面包内馅除了用豆沙，也可以用果酱、莲蓉、椰蓉等你喜欢的其他馅料。

· 豆沙馅可以抹得再薄一点，吃起来口感会更好。

· 家里没有揉面机可以用面包机代劳，就是时间要稍微比揉面机长点。

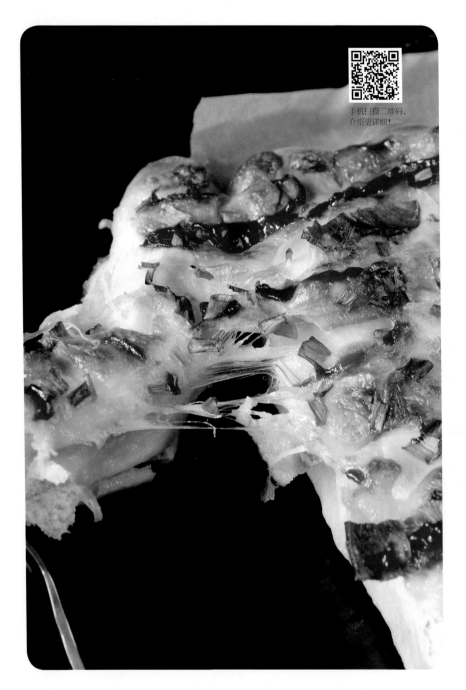

手机扫描二维码,
介绍更详细!

披萨般口感的 香葱培根芝士排包

香葱培根芝士排包，我家的面包新宠，嘟宝很喜欢吃，咸咸的，香香的，软软的，能满足一家大小的胃口！不论是用它做点心还是做早餐都非常合适！

材料

汤种材料：高筋面粉20g，水100g。

主面团材料：全蛋78g，牛奶100g，汤种100g，盐6g，黄油40g，糖25g，高粉260g，低粉120g，酵母5g。

装饰材料：培根、马苏里拉奶酪、葱、番茄酱适量。

做法

① 先做汤种：混合高粉和水拌匀，用小火加热并不停搅拌直至米糊黏稠，冷却后放入冰箱冷藏，16小时后取出。

② 除黄油外所有的主面团材料从液体到粉类依次加入面包机，揉面15分钟后，加黄油继续揉面至能拉出薄膜。

③ 再在面包机内发酵至2～3倍大。培根切成条，奶酪切成丁，香葱切碎。

④ 面团发酵完成后，取出，排气揉成原来的大小。把面团压扁擀成薄饼，如图分割成8等份。

⑤ 分别揉圆8个面团，松弛15分钟。再把每个面团压扁，擀成橄榄形长条，卷起来。

⑥ 卷好的面包放入烤盘排好，进烤箱进行二次发酵，等到面包发成2倍大取出。

⑦ 在面包上依次均匀放上培根条、马苏里拉奶酪丁、葱碎，再挤上番茄酱。

⑧ 进180℃预热好的烤箱烤20分钟左右即可。

嘟妈制作心得

· 因为是排包，所以不用称每个面团的分量，直接几刀分割成8份就可以了。

· 每一片的面片要擀得足够大，足够薄，卷起来的层次才够丰富。

· 二次发酵的时间越长，排包就会鼓得越大，吃起来组织也会越松软。

· 刚烤好的面包还能拉出长长的丝呢！不过不建议大家趁热马上享用，放凉后的面包风味、口感更佳！

手机扫描二维码，
介绍更详细！

100 分的健康汉堡包 牛肉汉堡

　　汉堡包，西式快餐中的主要食物，它食用方便，风味可口，营养全面，因此快速成为畅销世界的方便主食之一。

　　快餐洋食品，我们家嘟宝也超爱吃。以前都是买回现成的汉堡包，再加工夹进蔬菜、肉饼、蛋等。但自从家里有了面包机，汉堡包坯制作也就变得简单了！

材料

汉堡包坯材料（8 个汉堡包的量）：

1. 高粉 200g，低粉 50g，细砂糖 20g，盐 3g，酵母 3g，全蛋 35g，水 120g。
2. 黄油 35g，白芝麻 50g，少量全蛋液。

内馅材料：

3. 牛肉末 200g，洋葱半个，生菜叶子少量，奶酪片几片，番茄酱和色拉酱少量。
4. 酱油 2 大勺，蚝油 1 大勺，白糖 1/2 大勺，黑胡椒粉少量，淀粉 1 大勺。

做法

❶ 将材料 1 放入面包机桶，开启揉面程序搅拌 15 分钟，再加入溶化的黄油继续搅拌 15 分钟，揉到面团能拉出透明的薄膜后，留面团在面包机里发酵 1～2 小时左右。

❷ 发酵好的面团取出，揉成发酵前的大小，再等分成 16 个（这里两份的量）面团，搓圆。

❸ 搓圆后的面团进烤箱发酵 30 分钟后，取出刷上蛋液，再撒上白芝麻，进 180℃预热好的烤箱，上下火烘烤约 18 分钟，出炉。

❹ 洋葱切碎，放进牛肉碗里，加进调料 4，用筷子或搅拌棒搅拌使牛肉末上劲。

❺ 搅拌好的牛肉末取一团放在手里，压扁成肉饼。

❻ 平底锅加少量油，肉饼放入平底锅里用中小火煎到两面金黄。

❼ 烤好放凉的汉堡包对半切开，挤上一层色拉酱抹匀。

❽ 铺上芝士片，再挤上色拉酱。

❾ 铺上一张生菜，挤上番茄酱，再放上肉饼。

❿ 最后再盖上抹了色拉酱的汉堡盖子即可。

手机扫描二维码，
介绍更详细！

让人越陷越深的鼻祖蛋糕 美味巧克力磅蛋糕

　　磅蛋糕，就是以一磅黄油，一磅糖，一磅面粉和一磅鸡蛋混合制成的蛋糕。磅蛋糕因其用料高级，口味香醇而称之为面糊蛋糕的鼻祖。外表平实朴素的奶油奶酪磅蛋糕，有着让人一尝难忘的绝佳口感。润滑浓郁、蓬松细密，是能让人越陷越深的诱惑滋味。因此，磅蛋糕是蛋糕里的臻高境界。

　　巧克力磅蛋糕较原味磅蛋糕多了一份香浓的巧克力味，配上蓬松细密的口感，非常好吃！

材料

低粉 100g，泡打粉 1g，可可粉 30g，黄油 80g，糖粉 100g，鸡蛋 2 个约 100g。

做法

❶ 黄油室温软化后加入糖粉，用打蛋机打发黄油至蓬松状，颜色变浅。

❷ 分几次加入打散的蛋液，打发混合均匀。

❸ 滤网筛入低粉、泡打粉和可可粉，用刮刀翻拌均匀。

❹ 准备磅蛋糕的容器，放进油纸如图铺好。

❺ 倒进拌好的蛋糕糊，进180℃预热好的烤箱，上下火烤10分钟左右取出。

❻ 用小刀在蛋糕中间划一刀痕迹，再进烤箱继续烘烤30分钟左右。

❼ 看到蛋糕中间高高鼓起，蛋糕香气扑鼻就可以了！

嘟妈制作心得

· 黄油打发要提前软化，如果室内温度较低，可隔温水软化后再打发。

· 油蛋混合：蛋液一定要分次添加，完全融合后再添加其他蛋液，以免出现油蛋分离情况，影响原料的融合。

· 磅蛋糕在烘烤的过程中，为避免中心处不易熟透，要在蛋糕放进烤箱烘烤10分钟后，拿出蛋糕用刀片诀速地在蛋糕表面划上一刀，再放进烤箱烘烤，既能让蛋糕分裂出漂亮的裂痕，又能避免夹生。

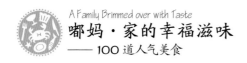

手机扫描二维码，
介绍更详细！

孩子们的春游小点心 **纸杯海绵蛋糕**

　　春天是出游的季节！嘟宝学校里也组织春游了，带上了我亲自为她准备的纸杯海绵蛋糕，一大早满载快乐的心情，美美地游玩去啦！

　　这是个做了一次就会上瘾的蛋糕。朴素的原料，简单的操作，但能带给你松软香脆又酥软的口感，绝对能让人乐此不疲地做了一次又一次，尤其是美味的蛋糕得到家人的强烈欢迎后，那兴趣就更加大啦！

材料

鸡蛋 2 个，白糖 40g，低粉 60g，无味的食用油 8g。
奶油原料：淡奶油 100g，白糖 20g。

做法

① 鸡蛋和白糖放入不锈钢小锅或碗里，再把不锈钢小锅放进装了热水的锅里（水温保持40℃左右）。

② 隔着热水打发鸡蛋液到蓬松发白，滴落的蛋糊能画出"8"字，把锅子从热水中取出。

③ 分 5～6 次筛入低粉，轻轻地上下翻拌均匀。

④ 拌好的面糊中再加入食用油拌匀，蛋糕糊就做好了。

⑤ 蛋糕纸杯先放进蛋糕模具里，纸杯里再倒进蛋糕糊至七八分满。

⑥ 烤箱185℃预热后，把纸杯蛋糕放进烤箱烘烤20分钟左右。

⑦ 淡奶油加入白糖，用打蛋器打发2～3分钟，打发好的奶油装进裱花袋子里，给稍微放凉的蛋糕进行装饰就完工了。

嘟妈制作心得

· 海绵蛋糕，顾名思义就是蛋糕像海绵一样有蓬松的组织。

· 刚出炉的蛋糕口感最好，表面酥脆，里面弹性十足，咬一口，香香甜甜很美味，没有奶油也可以直接吃。

· 低粉和蛋糕混合时，要分几次轻轻地上下翻拌均匀，不要画圈搅拌，容易让打发好的面糊消泡。

手机扫描二维码，
介绍更详细！

女孩梦想的生日蛋糕 **芭比娃娃蛋糕**

生日那天，拥有一个芭比娃娃生日蛋糕，一直是嘟宝小朋友的梦想。今年嘟妈也终于满足了孩子的愿望，从画蛋糕的设计图，到亲手烘焙一个戚风蛋糕，再给公主的裙子挤上朵朵小花……终于给了嘟宝一个世上独一无二的芭比娃娃生日蛋糕。

材料

芭比娃娃一个，八寸戚风蛋糕 3 个，草莓粉少量，淡奶油 1L，白砂糖 180g，各种水果若干个。

做法

❶ 戚风蛋糕 3 个，分别用切片器切成 2 片，每片中间再用压花器挖个洞。

❷ 水果去皮切成丁。

❸ 蛋糕片叠起来用剪刀修成裙摆状。

❹ 淡奶油加白砂糖打发（白糖多少看自己的口感，我用 1L 奶油加了约 180g 糖）。

❺ 把蛋糕片放在裱花转台上，上面抹上奶油，铺上水果，再盖上奶油抹平，如此几片都夹上水果叠起来。

❻ 把芭比娃娃插进中间洞里，用奶油抹平裙身。取一部分奶油加进草莓粉打发成粉色的奶油，取出一半。

❼ 剩下的粉色奶油再加进更多的草莓粉打发出更加深的粉色奶油，分别装进裱花袋子里。

❽ 用菊花嘴在裙子上挤上一朵朵的奶油小花，分别是白色、粉色和深粉色交替旋转。

❾ 裱好了裙子，再在娃娃上身挤上白色奶油，胸前再用糖珠点缀，芭比娃娃蛋糕就完成了！

 嘟妈制作心得

· 这个蛋糕不适合烘焙新手，适合家里做过几次戚风蛋糕的朋友。
· 芭比娃娃要事先洗净，再用保鲜膜包住胸部以下的身体。
· 公主衣服大家可以自行设计，怎么漂亮怎么画。也可以先在纸上画个设计草图。
· 动物奶油定形性差，做好的造型容易变形，尤其温度高的天气，融化会更加快，所以建议即做即吃！
· 戚风蛋糕做法参考本书第 213 页。

手机扫描二维码，
介绍更详细！

经典法式点心 **双色玛德琳蛋糕**

　　玛德琳，西点里的一种午后食用的小蛋糕。源于法国的糕点类，深受世界各地人们的喜爱，风味独特。

　　玛德琳属于贝壳蛋糕，因其形状像贝壳，吃时能联想起胖嘟嘟的、丰满的妇人，所以又称它为性感的饼干。

　　这是一款特别适合烘焙新手的小甜点，制作起来非常简单，烘烤的时候只要看到蛋糕鼓起高高的"大肚子"，就成功了。非常值得一试！

材料

原味玛德琳材料：蛋液50g，糖粉50g，低粉50g，泡打粉1g，柠檬皮屑少许，黄油50g。

巧克力玛德琳材料：蛋液55g，糖粉40g，低粉30g，可可粉5g，泡打粉1g，黄油30g，巧克力30g。

做法

原味玛德琳做法：

  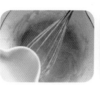 

❶ 蛋液加糖粉打匀，搅拌至糖粉充分溶化。

❷ 柠檬皮屑加入蛋液中，拌匀后过筛，加入低粉和泡打粉混合拌匀成面糊。

❸ 黄油隔热水溶化，倒入步骤2的面糊中拌匀。然后放进冰箱冷藏1小时后再装入裱花袋中。

❹ 贝壳模刷上一层黄油防粘，将裱花袋中的面糊挤入贝壳模子里。

❺ 进150℃预热好的烤箱，中层，烘烤10～12分钟，看到高高的肚子鼓起了，即可乘热脱模放凉。

巧克力玛德琳做法：

❶ 蛋液加糖粉打匀，搅拌至糖粉充分溶化。

❷ 过筛后加入低粉、可可粉和泡打粉混合，再拌匀成面糊。

❸ 巧克力和黄油隔热水溶化，倒入面糊中拌匀，盖上保鲜膜放进冰箱冷藏1小时。

❹ 贝壳模刷上一层油防粘，将面糊装入裱花袋中，挤入贝壳模子里。

❺ 进150℃预热好的烤箱中，中层烤10～12分钟，看到高高的肚子鼓起，脱模放凉。

💡 嘟妈制作心得

· 在注入面糊前，在模具里薄薄地涂上一层融化的黄油，会更容易脱模。

· 玛德琳面糊挤入贝壳不要太满，挤入模具2/3处就足够了，要不面糊烤的时候会满出来。

· 巧克力和黄油隔热水融化时，温度不要太高。

· 玛德琳小肚子的秘密：玛德琳蛋糕使用高温短时间烘焙，模具四周边缘较薄所以四周的面糊熟了，中间面糊还没熟，才会形成中央鼓起来的肚子。

手机扫描二维码,
介绍更详细!

入口即化的完美 **轻乳酪蛋糕**

　　轻乳酪蛋糕是能让人着迷的蛋糕，芝士香味浓郁，口感滑润绵软，大有入口即化的感觉，全然不同于一般的蛋糕口感！看蛋糕的配方，原来粉类只用了区区25g，占整个蛋糕的6%，这个蛋糕几乎是用奶酪和蛋白霜来支撑的，有如此的口感也就不足为奇啦！家里有小宝贝的一定要亲手做下试试，孩子肯定会迷上这个完美蛋糕的！

材料

低粉15g，玉米淀粉10g，奶油奶酪100g，白糖50g，牛奶50g，黄油30g，鸡蛋3个，柠檬半个。

做法

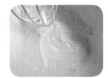    

❶ 奶酪加牛奶隔热水搅拌到无颗粒状，热水温度不要超过65℃。

❷ 加入溶化的黄油搅拌均匀，再分别加进3个蛋黄，混合拌匀。

❸ 过筛加入低粉和玉米淀粉，混合拌匀成蛋黄奶酪糊待用。

❹ 准备一个六寸蛋糕模，外面包上一张锡纸待用。

❺ 蛋白分3次加进白糖，打发成发泡状态（打蛋机头提起的蛋白霜呈现弯钩状）。

   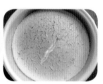

❻ 把打发好的蛋白霜挖出1/3，放进蛋黄糊中，上下左右切拌混合均匀。

❼ 再把混合好的面糊倒进剩下的蛋白霜中，继续切拌均匀，最后把蛋糕糊倒入准备好的蛋糕模里，装八分满。

❽ 烤盘里放进蛋糕模，再在烤盘里灌满水，进150℃预热好的烤箱，中层，上下火烤60分钟，出炉。

❾ 出炉2分钟后脱模，再放冰箱冷藏。

嘟妈制作心得

· 奶酪加牛奶隔热水搅拌到无颗粒状，热水温度不要超过65℃，这决定蛋糕的品质。

· 蛋黄3个要分别加入，才能搅拌均匀。

· 混合蛋白霜和蛋黄糊要注意手势，分别是上下左右切拌混合均匀，千万不要画圈搅拌，很容易让打发好的蛋白霜消泡。

· 轻乳酪蛋糕需要用水浴法来烤，否则容易开裂、表皮干硬。

· 刚出炉的蛋糕很嫩很软，烤好几分钟内，蛋糕周围一圈会自动脱离蛋糕模，这个时候要及时脱模。

· 脱模后冷藏至少4小时以后再食用，此时口感更佳。

随心所欲也精彩 黑森林生日蛋糕

老公生日那天，我给他做了个黑森林生日蛋糕，大家看了都觉得很惊艳！哇，这个也能自己做吗？哈哈，大家都被黑森林的外表给迷惑了！其实做这个蛋糕最简单了，相比较一般的裱花蛋糕，这个蛋糕做起来真是毫无难度，尤其是装饰，可以随心所欲。下次家里有人过生日了，记得一显身手哈！

材料

蛋白糊材料：蛋白 5 个，细砂糖 60g。

蛋黄糊材料：蛋黄 5 个，白砂糖 30g，食用油 80g，牛奶 80g，低筋面粉 100g，可可粉 20g。

装饰材料：黑巧克力 50g，草莓几个，车厘子几个，淡奶油 200g，白糖 40g，糖粉少量。

做法

❶ 做蛋黄糊：蛋黄加白砂糖先用手动打蛋器打散。加入牛奶和油搅拌均匀。过筛加入面粉和可可粉，搅拌至无颗粒状的面糊待用。

❷ 打发蛋白霜：蛋白中加入柠檬汁，细砂糖分 3 次加入蛋白中，用打蛋机打至九分发，即蛋白纹路清晰，拎起打蛋头，蛋白呈现出小弯钩状即可。

❸ 可可蛋黄糊里加入 1/3 打好的蛋白糊，用刮刀上下翻拌混合均匀。

❹ 再把拌好的糊倒回剩下的 2/3 蛋白霜内，上下翻拌搅拌均匀。

❺ 最后把拌好的面糊倒入活底的六寸蛋糕模具内，约七分满，再用力震动几下蛋糕模，把大气泡给震出来。

❻ 烤箱预热 150℃，下层上下火烘烤约 55 分钟。蛋糕烤好后取出马上倒扣，彻底放凉后脱模，用刀分割成 2 片。

❼ 黑巧克力块隔水加热溶化，把溶化的巧克力倒入一个大的平盘里，抹成扁平长片状，待它凝固后，再用刀片刮出巧克力屑。

❽ 草莓切成小丁，将 200g 淡奶油加糖打发。

❾ 取一片蛋糕片，抹上一层奶油，撒上草莓丁，再抹上一层奶油，盖上另一片蛋糕片，再在上面抹上鲜奶油。

❿ 鲜奶油上面撒上巧克力屑，最后用几个车厘子粘奶油放在蛋糕表面中间，撒上少量糖粉即可。

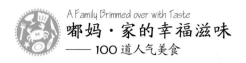

宝贝们的最爱——风靡欧美的 **推推乐蛋糕**

风靡欧美的 Cake Push Pops 来啦!

Cake Push Pops, 就是推推乐蛋糕! 欧美最近流行的蛋糕新吃法。

其实就是奶油戚风蛋糕换个吃法, 把做好的蛋糕和奶油一层层地放进一个专制的工具里, 吃的时候, 不用叉子, 也不用盘子, 自己把蛋糕推出来就能享用了。色彩缤纷, 好吃又好玩的推推乐蛋糕, 是宝贝们的最爱! 把蛋糕做成小零食一样方便携带。其实做法很简单, 自己 DIY 的推推乐蛋糕, 可以充分发挥自己的想象, 放蛋糕, 放奶油, 放水果, 放各种各样的小零食……

材料

可可戚风蛋糕材料:

可可蛋黄糊材料: 可可粉 20g, 热开水 45g, 蛋黄 4 个, 细砂糖 30g, 食用油 50g, 低粉 50g。

蛋白霜材料: 蛋白 4 个, 细砂糖 50g, 柠檬汁几滴。

配料: 动物鲜奶油、草莓适量, 细砂糖 50g。

工具: 推推乐蛋糕模具 8 个。

做法

 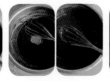  

❶ 做可可蛋黄糊: 分离蛋白和蛋黄。可可粉、白糖、食用油、热开水混合拌匀。

❷ 分次加进 4 个蛋黄拌匀, 再过筛加入低粉混合均匀。

❸ 做法详见第 213 页②。

❹ 混合蛋糕糊: 做法见第 213 页③④。

❺ 拌好的蛋糕糊倒入铺了油纸的长方形的蛋糕烤盘里, 进 160℃ 预热好的烤箱中, 上下火烤 12 分钟左右。

❻ 出炉后移出蛋糕盘, 趁热翻面撕去油纸放凉。

❼ 推推乐工具清洗干净, 再在滚水里浸泡消毒, 草莓洗净切成小丁。

❽ 放凉的蛋糕片用推推乐的推杆印出模子, 动物鲜奶油加进 50g 细砂糖用打蛋器打发, 再装进裱花袋里待用。

❾ 开始装蛋糕: 推杆上先放上一片蛋糕片, 把推杆装进罐子里, 然后挤上一层奶油, 铺上水果, 再铺上一片蛋糕。

❿ 如此循环几次, 最后顶上放一个草莓, 盖上盖子, 推推乐蛋糕就完成了!

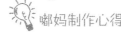 嘟妈制作心得

· 推推筒里的蛋糕片厚度最好在 1cm 以下, 推筒里起码能放进 4 片, 层次才会丰富, 所以长方形的烤盘要尽量大, 做出来的蛋糕片才会够薄。

在白雪皑皑中爆裂的 圣诞饼干

　　这个圣诞节，没有华丽的糖霜饼干，没有香浓的蛋糕，我只是专心地做了一款朴素的飘雪般的裂纹饼干。白雪般浪漫的饼干，虽然朴素，但很美味，入口香甜酥脆，让人倍感幸福！

材料

低粉 165g，可可粉 15g，细砂糖 110g，盐 2g，泡打粉 2g，鸡蛋 1 个，黄油 120g，黑巧克力 130g，装饰糖粉少量。

做法

❶ 巧克力和黄油隔水加热溶化，搅拌均匀。

❷ 鸡蛋打散加细砂糖和盐打发 2 分钟至蛋液细腻。

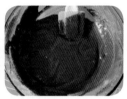

❸ 把溶化好的巧克力黄油倒入蛋液中混合均匀。

❹ 过筛加入低粉、可可粉和泡打粉后，再加入酵母粉，用刮刀拌匀。

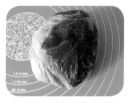

❺ 混合均匀的面糊装进保鲜袋中，放进冰箱冷藏 1 小时，让面团凝固变硬。

❻ 冷藏后的面团取出，分割成 15g 大小的圆球。

❼ 再轻轻压扁，上面再过筛撒上多多的糖粉。最后移到铺了干净油纸的烤盘上留一定的间距排列好。

❽ 进 175℃预热好的烤箱用上下火烘烤 12 分钟左右，看到饼干蓬松裂开漂亮的裂纹就可以了！

嘟妈制作心得

· 鸡蛋打散加细砂糖和盐要打发到蛋液细腻。
· 圆球在烤盘上要有间隔地排列。面团分割成圆球后，压扁的时候手势要轻，别压得太薄了，烘烤时，随着温度的升高，饼干会自己再变扁一些的。
· 饼干做好后要过筛撒上多多的糖粉，太少的话一烘烤糖粉就会溶化，成品就看不到白雪的效果了。
· 烤的时间最好不要超过 10 分钟，取出后自然放凉，饼干表面就会很酥脆，但内部却非常柔软。
· 饼干上面过筛撒上糖粉后，要把饼干转移到新的油纸上再烘烤。否则，洒落在饼干周围的糖粉会在烤饼干的过程中变成黑炭焦糖。

手机扫描二维码，
介绍更详细!

婀娜多姿的 **维也纳可可曲奇**

塔吉锅的使用特点

将喜欢的食物放入锅内，置于火上即可。没有繁琐的料理程序和控制火候的麻烦。只要使用塔吉锅谁都可以做出可口的料理；而且时间也大幅度缩减，特别经济、健康、营养，不用油或加少许油，蔬菜可以吃得简单美味。由于食物是被烘蒸出来的，可以保持食物的原汁原味及原有的营养不流失！塔吉锅的独特设计，使它比一般锅更省油、省水、省气、省时间！

如何挑选塔吉锅

嘟妈发的塔吉锅菜帖子后面经常会有网友来求问锅的相关问题，这里说下如何选择塔吉锅：

①品质：

首先有条件的可选择大品牌的塔吉锅，品牌塔吉锅是保证各种安全性能指标的关键，但大品牌的塔吉锅动辄上千元的价格常常让我们望而却步，这个时候我们可以选择性价比高的产品：前提是从安全、健康的角度来选择价格合理的产品。

一般认为下面两点可以衡量和判断砂锅哪个牌子好，塔吉锅也是一样的：

（1）砂锅产品首先要符合 QB/T2580-2002《精细陶瓷烹调器》标准。

（2）砂锅产品符合安全环保要求。

硅胶塔吉锅也要选择硅胶原材料符合食品级标准的产品。

②尺寸：

一般市场上的锅有 2 种规格，大号的一般直径在 28cm 左右，小号的直径 20cm 左右，深度一般 6cm 左右，最深达 10cm 左右，大家可以根据自己家的人口数量来挑选。

一般三口之家的话建议购买大号的塔吉锅，可以用来做周末的塔吉锅煲仔饭，一大锅的饭一家三口也能满足，做一次也非常轻松省事。

关于果酱

果酱是把水果、糖及酸度调节剂混合后，用超过 100℃温度熬制而成的凝胶物质，也叫果子酱。制作果酱是长时间保存水果的一种方法。主要用来涂抹于面包或吐司上食用。不论是草莓、蓝莓、葡萄、玫瑰果等小型果实，还是李、橙、苹果、桃等大型果实，都可制成果酱。

家庭熬制果酱其实很简单，常要的是一份追求美好生活的耐心和爱心！自己在家熬制的果酱，无论是果实的挑选，还是甜度的掌控，妈妈们都可以很好地把好健康关。自己做的果酱 100% 的纯果肉，没有添加任何有害的添加剂、防腐剂，真正地吃得放心。

家庭果酱制作注意事项

❶ 水果的挑选要新鲜，水果的重量以去皮去核后为准。

❷ 如果是含水量少的水果，如苹果等可加少量水一起熬制。

❸ 熬制果酱的锅子要选择耐酸的锅，比如不锈钢锅子、搪瓷锅、玻璃锅、砂锅等，千万别选用铁锅和铝锅。

❹ 熬制果酱的过程需要经常搅拌，搅拌工具也最好用木勺。

❺ 盛果酱的容器最好选用玻璃的密封罐，或专门的玻璃果酱瓶，选那种盖子也是金属的，耐高温的玻璃瓶子。

❻ 果酱瓶子在盛果酱前事先用开水煮 5 ~ 10 分钟消毒，沥干水分后使用。

❼ 做好的果酱要趁热装入容器，盖紧盖子，倒扣放置，晾至常温后瓶口朝上，这样做是为了让果酱饼子里产生一个真空的状态，以利于果酱长时间保存。

❽ 柠檬汁在做果酱中起到很重要的作用，必不可少，因为柠檬汁是天然的抗氧化剂，也起到调节果酱酸甜度的作用。

❾ 白糖也是做果酱的关键材料。水果和糖一般按 1 份果肉，半份糖的比例制作，具体也要根据水果的甜度来调节，糖可以使酱浓稠，并且糖是很好的防腐剂，过少地使用糖会使保质期缩短，如果糖量适中，消毒良好的果酱可保质 6 个月以上。

❿ 果酱在未开封的状况下，在冰箱冷藏起码能保留 6 个月以上，开封了就要尽快食用。

学做面食很简单

中国家庭很爱吃面食，尤其是馒头和包子，真可谓是百吃不腻，但家庭自制馒头和包子在南方比较少见，猜其中原因，估计是感觉馒头和包子做法太难、太费事，不敢去轻易尝试。就如嘟妈以前，真的很难想象包子也能自己家里做！但所有的事情在你挽起袖子的瞬间，也就已经成功了一半，馒头、包子亦是如此，世上本无难事。

馒头和包子制作的顺序

和面 + 揉面 + 发酵 + 造型 + 二次饧发 + 蒸煮 = 馒头和包子

1 和面：

面粉 + 溶化的酵母水 + 水 = 面团

面粉和酵母粉的比例 100 : 1

酵母粉要提前用 30℃ 的温水化开，能提高酵母的活性，避免蒸好的馒头僵硬。

和面的水温以 30℃ 为宜，30℃ 左右的水温最能激发酵母的活性。水温过高则会烫死酵母而使面团发酵失败。

2 揉面：

和好的面团先饧发 10 分钟，等面团出筋后就能很轻松地花几分钟就把面团揉得很光滑。

3 发酵：

把揉光滑的面团用保鲜膜包起来进行发酵，面团发酵所需时间的长短，与外界温度有很大的关系。如果是夏天就直接常温发酵 1 小时左右，如果是冬天就要把面团放进蒸锅里隔热水发酵：先把锅里的水烧热到 60℃ 左右，然后关火，把装面团的碗放在蒸架上，盖上锅盖 1 小时也可以发酵完好。家有烤箱或面包机的，也可以借助烤箱和面包机完成发酵。

判断面团是否发酵好的简单方法为：用手指沾上面粉插入面团中，手指抽出后指印周围的面团不反弹、不下陷，说明发酵得刚好，如指印周围的面团迅速反弹，说明发酵得还不够，如果指印周围的面团迅速下陷，则面团发酵过度了。

4 造型：

把发酵好的面团制作出各种形状的面食。

面团发酵好之后要再充分地揉压排气，要将面团表面揉得非常光滑，这样做出来的面食成品表面才会光滑。

5 二次饧发：

做好造型的生坯需要再静置约 30 分钟进行第二次发酵，这一步很重要，不可省略，否则蒸出来的馒头包子是硬的。

6 蒸煮：

馒头和包子做好后，要先放在铺上蒸笼纸或纱布的蒸架上，最好冷水上锅蒸，大火烧开后转小火，蒸好之后，先将火关掉，等 5 分钟后再开盖取出，能保持馒头和包子表面光滑不回缩。

7 面食的直接发酵法：

面食先不经过发酵，直接做好形状后进行发酵，然后直接蒸煮的方法叫做直接发酵法，做出的成品外形漂亮有光泽，就是口感略差，比如做漂亮的玫瑰花馒头，用直接发酵法制作比较合适。

关于家用面包机

面包机是一种自动和面、发酵、烘烤成各种面包的机器。可分为家用和商用。由于使用方便，轻松制作各种面包而日益受到国内消费者的欢迎。面包机不但能制作面包吐司，还能制作蛋糕、酸奶、米酒等。配合烤箱还能做出各种形状的花式面包，非常适合爱家的家庭主妇们使用。

尤其是面包机的揉面功能，嘟妈真是好喜欢，不光是我们吃西式的面食需要用它来帮忙，就是我们国人喜欢的中式面食，如馒头、包子等，嘟妈现在也全部让面包机代劳了，面包机揉面真是又快又省力啊！

能让我尝试如此多的花样面包，面包机的揉面发酵功能功不可没！我们知道做面包需要把面团揉出筋膜，那是非常耗时耗力的，但使用了面包机的揉面功能，你只需把面粉和配料放进面包桶，然后再等待 30 分钟就可以了！揉好的面团，再发酵后，我们就可以随心所欲地制作自己喜欢吃的面包了！寻常家庭该如何来选择合适的面包机呢？

面包机的工作原理

面包机怎么做面包？很多没接触过面包机的人觉得很复杂。其实不然。面包机制作面包，主要有和面、发酵和烘烤三个过程。面包机原理就是利用内置的电脑程序，把制作面包的三个过程予以固化，在固定的时间点发出和面、发酵或烘烤的指令，从而制作面包。

如何挑选面包机

1 首先要考虑牌子：

市场上哪个牌子最热销，最受好评，就是最好的。成熟的品牌才会在市场上得以长久生存。这个大家可以在网上搜索，结果会一目了然。

2 选择面包桶的容量：

面包桶的容量一般分为 500g、750g、900g、1250g、1500g 等五种。一般家用选择面包桶容量 750g 到 900g 之间就够用了。

3 价格：

市面上面包机的价格低的普遍在 200 ~ 400 元，中端机普遍在 401 ~ 800 元，部分品牌高达千元。

普通家用的面包机，我感觉只要选择最实惠的面包机就可以了，只要面包机能揉面，能烤面包，至于多功能，我感觉用处不是很大，毕竟面包机是买来做面包的。

家庭烘焙需要买的工具

生活中，随着人们健康意识的增强，甜品店里工业化生产的各种各样的添加剂甜品，已经不能满足人们追求健康生活的需要。所以现代生活，家庭烘焙变得非常流行！越来越多的家庭煮夫、厨娘都会做一些拿手的蛋糕和小点心给自己的 Baby 和家人享用。用亲手烘焙的糕点来招待客人，更是一种珍贵的心意，获得客人赞美的同时，也能让你倍感成就！烘焙让小家的生活充满温馨和甜美。

1 烤箱：

烤箱作为烘焙的主要工具，是必不可少的。一般网购的家用型小烤箱，25L 的在 300 元左右，作为新手做烘焙，完全够用了！

2 打蛋器：

用来打发蛋白，打发鲜奶油及奶油等。

打蛋器手动和电动都需要一把，电动打蛋器可以帮我们长时间地很轻松地打发蛋液，让我们省力不少，电动打蛋机可以选择带有底座的，使用起来更加方便。手动打蛋器可以搅拌面糊和蛋液，比我们平常用筷子搅拌得又快又好。电动打蛋机的价格 50 ~ 200 元不等。手动的 10 元左右。

3 电子秤：

电子秤刻度比较精确。做西点不同于做中点，材料重量需要非常精准，所以秤是必需的。电子秤的去皮功能也非常好用。价格几十元不等。

4 打蛋盆：

打蛋盆最好选用不锈钢盆，并且最好是有底座固定的，打蛋的时候就不太会在桌面上移动。不锈钢容器也最好深一点，要不打发的时候很容易四处溅开。价格 10 ~ 30 元不等。

5 硅胶刮刀和刮板：

硅胶刮刀和刮板都能非常干净地刮净盆边和案板上的材料，减少浪费，价格也都不贵，几元钱。

6 擀面杖：

给面团整形必不可少的工具。

7 硅胶刷：

用来刷蛋黄液和液态黄油等，价格也就几元。

8 面粉筛：

用来过筛粉类。价格 10 元左右。

9 烘焙专用油纸、锡纸和硅胶垫：

油纸和锡纸是一次性用品，用来做烘焙时的防粘处理。耐高温的硅胶垫的作用和油纸一样，用途很广，但它可以多次使用，价格也贵一些。锡纸还可以在烘烤过程中给蛋糕面包加盖，可防止烤焦及上色过度。

10 各种蛋糕、面包、饼干模具：

这个种类很多，可以根据自己的需求慢慢购买，不要全部一次性买。想做什么了，缺少什么了，再去有针对性地购买，以免浪费。烤箱有自带烤盘的，初级可以做一些饼干，整形面包。一般需要购买的有：

①八寸或六寸的活底圆形蛋糕模：这种活底的蛋糕模方便脱模，国产的牌子选"三能"比较好点，价格几十元。

②披萨盘：最好是选择八寸或十寸，"三能"牌子的价格几十元不等。

③450g 带盖吐司模：网上的做法通常是用 450g，所以建议买这个重量的，"三能"的"金波不粘吐司盒"真的不粘，很好用，经常要做吐司的人可以买。

④小慕斯圈：可以选择性地购买一些。

⑤一次性蛋糕杯、面包杯、盒、蛋糕油纸垫等。

11 刀具：

蛋糕刀、脱模刀、奶油抹刀、蛋糕铲和披萨轮刀。具体选购根据各自需要再买。

12 月饼模、冰淇淋勺和挖球器等。

13 蛋糕装饰的工具：

想给孩子们做生日蛋糕的可以考虑购买。

①"三能"牌蛋糕转台。

②蛋糕架。

③一套不锈钢裱花嘴。

④一次性裱花袋。

图书在版编目(CIP)数据

嘟妈·家的幸福滋味:100道人气美食 / 嘟妈著. —
杭州:浙江科学技术出版社,2015.4
ISBN 978-7-5341-6499-6

Ⅰ. ①嘟… Ⅱ. ①嘟… Ⅲ. ①食谱 Ⅳ. ①
TS972.12

中国版本图书馆 CIP 数据核字(2015)第 037302 号

书　　名	嘟妈·家的幸福滋味——100 道人气美食
著　　者	嘟　妈

出版发行　浙江科学技术出版社

杭州市体育场路 347 号　邮政编码:310006
联系电话:0571-85058048
浙江出版联合集团网址:http://www.zjcb.com

图文制作	杭州兴邦电子印务有限公司
印　　刷	浙江新华数码印务有限公司
经　　销	全国各地新华书店

开　　本	710×1000　1/16	印　张	14.25
字　　数	230 000		
版　　次	2015 年 4 月第 1 版	2015 年 4 月第 1 次印刷	
书　　号	ISBN 978-7-5341-6499-6	定　价	48.00 元

责任编辑　余旭伟		**责任印务**　徐忠雷	
责任美编　金　晖		**责任校对**　李亚学	